U0168669

王小波　主编

中国海域海岛地名志

广西卷

海洋出版社

2020年·北京

图书在版编目（CIP）数据

中国海域海岛地名志.广西卷/王小波主编.—北京：海洋
出版社,2020.1
ISBN 978-7-5210-0566-0

Ⅰ.①中…Ⅱ.①王…Ⅲ.①海域—地名—广西②岛—地名—广西
Ⅳ.①P717.2

中国版本图书馆CIP数据核字（2020）第008922号

主　　编：王小波（自然资源部第二海洋研究所）
责任编辑：侯雪景
责任印制：赵麟苏

海洋出版社 出版发行

http://www.oceanpress.com
北京市海淀区大慧寺8号　邮编：100081
廊坊一二〇六印刷厂印刷
2020年1月第1版　2020年11月河北第1次印刷
开本：889mm×1194mm　1/16　印张：12.25
字数：175千字　定价：150.00元
发行部：010-62100090　邮购部：010-62100072
总编室：010-62100034
海洋版图书印、装错误可随时退换

《中国海域海岛地名志》

总编纂委员会

总 主 编：王小波

副总主编：孙 丽 王德刚 田梓文

专 家 组（按姓氏笔画顺序）：

丰爱平 王其茂 王建富 朱运超 刘连安

齐连明 许 江 孙志林 吴桑云 佟再学

陈庆辉 林 宁 庞森权 曹 东 董 珂

编纂委员会成员（按姓氏笔画顺序）：

王 隽 厉冬玲 史爱琴 刘春秋 杜 军

杨义菊 吴 顿 谷东起 张华国 赵晓龙

赵锦霞 莫 微 谭勇华

《中国海域海岛地名志·广西卷》

编纂委员会

主　编：魏春雷

副主编：莫海连　麻德明

编写组：

　　　　自然资源部第一海洋研究所：赵晓龙　闫文文

　　　　国家海洋局北海海洋环境监测中心站：张　涛　崔力维

　　　　　　　　　　　　　　　　　　　　　　刘保良　段瑞明

前　言

我国海域辽阔，海域海岛地理实体众多，在历史的长河中产生了丰富多彩、类型各异的地名，是重要的基础地理信息。开展全国海域海岛地名普查工作，对于维护国家主权和领土完整，巩固国防建设，促进经济社会协调发展，方便社会交流交往、人民群众生产生活，提高政府管理水平和公共服务能力，都具有十分重要的意义。

20 世纪 80 年代，中国地名委员会组织开展了我国第一次地名普查，对海域地名也进行了普查（台湾省及香港、澳门地区的地名除外），并进行了地名标准化处理。经过近 30 年的发展，在海域海岛地理实体中，有实体无名、一实体多名、多实体重名的现象仍然不同程度存在；有些地理实体因人为开发、自然侵蚀等原因已经消失，但其名称依然存在。在海洋经济已经成为拉动我国国民经济发展有力引擎的新形势下，特别是党的十九大报告提出"坚持陆海统筹，加快建设海洋强国"，开展海域海岛地名普查及标准化工作刻不容缓。

根据《国务院办公厅关于开展第二次全国地名普查试点的通知》（国办发〔2009〕58 号）精神和《第二次全国地名普查试点实施方案》的要求，原国家海洋局于 2009 年组织开展了全国海域海岛地名普查工作，对海域、海岛及其他地理实体展开了全面的调查，空间上涵盖了中国所有海岛，获取了我国海域海岛地名的基本情况。全国海域海岛地名普查工作得到了沿海省、直辖市、自治区各级政府的大力支持，11 个沿海省（市、区）的各级海洋主管部门、37 家海洋技术单位、数百名调查人员投入了这项工作，至 2012 年基本完成。对大陆沿海数以万计的海岛进行了现场调查，并辅以遥感影像对比；对港澳台地区的海岛地理实体进行了遥感调查，并现场调查了西沙、南沙的部分岛礁，获取了大量实地调查资料和数据。这次普查基本摸清了全国海域、海岛和其他地理实体的数量与分布，了解了地理实体名称含义及历史沿革，掌握了地理实体的开发利用情况，并对地理实体名称进行了标准化处理。《中国海域海岛地名志》即是全国海域海岛地名普查工作成果之一。

地名志是综合反映地名的专著，也是标准化地名的工具书。1989年，中国地名委员会以第一次海域地名普查成果为基础，编纂完成《中国海域地名志》，收录中国海域和海岛等地名7 600多条。根据第二次全国海域海岛地名普查工作总体要求，为了详细记录全国海域海岛地名普查成果，进一步加强海域海岛名称管理，传承海域海岛地名历史文化，维护国家海洋权益，原国家海洋局组织成立了《中国海域海岛地名志》总编纂委员会，经过沿海省（市、区）地名普查和编纂人员三年的共同努力，于2014年编纂完成了《中国海域海岛地名志》初稿。2018年6月8日，国家海洋局、民政部公布了《我国部分海域海岛标准名称》。编委会依据公布的海域海岛标准名称，对初稿进行了认真的调整、核实、修改和完善，最终编纂完成了卷帙浩繁的《中国海域海岛地名志》。

《中国海域海岛地名志》由辽宁卷，山东卷，浙江卷，福建卷，广东卷，广西卷，海南卷和河北、天津、江苏、上海卷共8卷组成。其中河北、天津、江苏、上海合为一卷，浙江卷分为3册，福建卷分为2册，广东卷分为2册，全国共12册。共收录海域地理实体地名1 194条、海岛地理实体地名8 923条，内容涵盖了地名含义及沿革、位置面积资源等自然属性、开发利用现状等社会经济属性以及其他概况。所引用的数据主要为现场调查所得。

《中国海域海岛地名志》是全面系统记载我国海域海岛地名的大型基础工具书，是我国海洋地名工作一项有意义的文化工程。本书的出版，将为沿海城乡建设、行政管理、经济活动、文化教育、外事旅游、交通运输、邮电、公安户籍、地图测绘等事业，提供历史和现实的地名资料；同时为各企事业单位和广大读者提供地名查询服务，并为海洋科技工作者开展海洋调查提供基础支撑。

本书是《中国海域海岛地名志·广西卷》，共收录海域地理实体地名124条，海岛地理实体地名548条。本卷在搜集材料和编纂过程中，得到了原广西壮族自治区海洋局、广西壮族自治区各级海洋和地名有关部门以及广西海洋监测预报中心、自然资源部第一海洋研究所、自然资源部第二海洋研究所、自然资源部第三海洋研究所、国家卫星海洋应用中心、国家海洋信息中心、国家海洋技术中心等海洋技术单位的大力支持。在此我们谨向为编纂本书提供帮助和支持的所有领导、专家和技术人员致以最深切的谢意！

鉴于编者知识和水平所限，书中错漏和不足之处在所难免，尚祈读者不吝指正。

《中国海域海岛地名志》总编纂委员会

2019 年 12 月

凡 例

1. 本志主要依据国家海洋局《关于印发〈全国海域海岛地名普查实施方案〉的通知》（国海管字〔2010〕267号）、《国家海洋局海岛管理司关于做好中国海域海岛地名志编纂工作的通知》（海岛字〔2013〕3号）、《国家海洋局民政部关于公布我国部分海域海岛标准名称的公告》（2018年第1号）进行编纂。

2. 本志分前言、凡例、目录、地名分述和附录。

3. 地名分述分海域地理实体、海岛地理实体两部分。海域地理实体包括海、海湾、海峡、水道、滩、半岛、岬角、河口；海岛地理实体包括群岛列岛、海岛。

4. 按条目式编纂。

（1）海域地理实体的条目编排顺序，在同一省份内，按市级行政区划代码由小到大排列，在县级行政区域内按地理位置自北向南、自西向东排列。

（2）群岛列岛的条目编排顺序，原则上在省级行政区域内按地理位置自北向南、自西向东排列；有包含关系的群岛列岛，范围大的排前。

（3）海岛的条目编排顺序，在同一省份内，按市级行政区划代码由小到大排列，在县级行政区域内原则上按地理位置自北向南、自西向东排列。有主岛和附属岛的，主岛排前。

5. 入志范围。

（1）海域地理实体部分。

海：2018年国家海洋局、民政部公布的《我国部分海域海岛标准名称》（以下简称《标准名称》）中收录的海。

海湾：《标准名称》中面积大于5平方千米的海湾和小于5平方千米的典型海湾。

海峡：《标准名称》中收录的海峡。

水道：《标准名称》中最窄宽度大于1千米且最大水深大于5米的水道和已开发为航道的其他水道。

滩：《标准名称》中直接与陆地相连，且长度大于 1 千米的滩。

半岛：《标准名称》中面积大于 5 平方千米的半岛。

岬角：《标准名称》中已开发利用的岬角。

河口：《标准名称》中河口对应河流的流域面积大于 1 000 平方千米的河口和省级界河口。

（2）海岛地理实体部分。

群岛、列岛：《标准名称》中大陆沿海的所有群岛、列岛。

海岛：《标准名称》中收录的海岛。

6. 实事求是地记述我国海域地理实体、海岛地理实体的地名含义及历史沿革；全面真实地反映地理实体的自然属性和社会经济属性。对相关属性的描述侧重当前状态。上限力求追溯事物发端，下限至 2011 年年底，个别特殊事物和事件适当下延。

7. 录用的资料和数据来源。

地名的含义和历史沿革，取自正史、旧志、地名词典、档案、文件、实地调访以及其他地名资料。

群岛列岛地理位置为遥感调查。海岛地理位置为现场实测，并与遥感调查比对。

岸线长度、近岸距离、面积，为本次普查遥感测量数据。

最高点高程，取自正史、旧志、调查报告、现场实测等。

人口，取自现场调查、民政部门登记资料以及官方网站公布数据。

统计数据，取自统计公报、年鉴、期刊等公开资料。

8. 数据精确度按以下位数要求。如引用的数据精确度不足以下要求位数的，保留引用位数；如引用的数据精确度超过要求位数的，按四舍五入原则留舍。

地理位置经纬度精确到分位小数点后一位数。

湾口宽度、海峡和水道的最窄宽度、河口宽度，小于 1 千米的，单位用"米"，精确到整数位；大于或等于 1 千米的，单位用"千米"，精确到小数点后两位。

岸线长度、近陆距离大于 1 千米的，单位用"千米"，保留两位小数；小于 1 千米的，单位用"米"，保留整数。

面积大于 0.01 平方千米的，单位用"平方千米"，保留四位小数；小于 0.01 平方千米的，单位用"平方米"，保留整数。

高程和水深的单位用"米"，精确到小数点后一位数。

9. 地名的汉语拼音，按 1984 年 12 月 25 日中国地名委员会、中国文字改革委员会、国家测绘局颁布的《中国地名汉语拼音字母拼写规则（汉语地名部分）》拼写。

10. 采用规范的语体文、记述体。行文用字采用国家语言文字工作委员会最新公布的简化汉字。个别地名，如"硙""矿""沥"等方言字、土字因通行于一定区域，予以保留。

11. 标点符号按中华人民共和国国家标准《标点符号用法》（GB/T 15834 － 1995）执行。

12. 度量衡单位名称、符号使用，采用国务院 1984 年 3 月 4 日颁布的《中华人民共和国法定计量单位的有关规定》。

13. 地名索引以汉语拼音首字母排列。

14. 本志中各分卷收录的地理实体条目和各地理实体相对位置的表述，不作为确定行政归属的依据。

15. 本志中下列用语的含义：

海，是指海洋的边缘部分，是大洋的附属部分。

海湾，是指海或洋深入陆地形成的明显水曲，且水曲面积不小于以口门宽度为直径的半圆面积的海域。

海峡，是指陆地之间连接两个海或洋的狭窄水道或狭窄水面。

水道，是指陆地边缘、陆地与海岛、海岛与海岛之间的具有一定深度、可通航的狭窄水面。一般比海峡小或是海峡的次一级名称。

滩，是指高潮时被海水淹没、低潮时露出，并与陆地相连的滩地。根据物质组成和成因，可分为海滩、潮滩（粉砂淤泥质）和岩滩。

半岛，是指伸入海洋，一面同大陆相连，其余三面被水包围的陆地。

岬角，是指突入海中、具有较大高度和陡崖的尖形陆地。

河口，是指河流终端与海洋水体相结合的地段。

海岛，是指四面环海水并在高潮时高于水面的自然形成的陆地区域。

有居民海岛，是指属于居民户籍管理的住址登记地的海岛。

常住人口，是指户口在本地但外出不满半年或在境外工作学习的人口与户口不在本地但在本地居住半年以上的人口之和。

群岛，是指彼此相距较近的成群分布的岛群。

列岛，一般指线形或弧形排列分布的岛链。

目 录

上篇 海域地理实体
第一章 海

第九章　海　岛

海域地理实体
HAIYU DILI SHITI

第一章 海

南海 (Nán Hǎi)

北纬 1°12.0′—23°24.0′、东经 99°00.0′—122°08.0′。南海北依中国大陆和台湾岛，西枕中南半岛和马来半岛，南达纳土纳群岛的宾坦岛，东依菲律宾群岛。东北部有巴士海峡与太平洋相通，东有民都洛海峡、巴拉巴克海峡与苏禄海相通，西南有马六甲海峡与印度洋相连。

南海之名古已有之，在我国古代文献中并不少见。《山海经·大荒南经》中有"南海渚中，有神，人面，珥两青蛇，践两赤蛇，曰不廷胡余"。《庄子·内篇·应帝王·七》有"南海之帝为鯈，北海之帝为忽"。《庄子·外篇·秋水·四》有"蛇谓风曰：'……今子蓬蓬然起于北海，蓬蓬然入于南海，而似无有，何也？'"可见先秦时已有南海之名。到了秦代，秦始皇派将军赵佗越南岭"略取陆梁地"，并于秦始皇三十三年（前214年）置桂林、象郡、南海三郡，南海郡即因郡地傍南海而名之。秦末赵佗称王，在该区建南越国。汉武帝元鼎六年（前111年）灭南越，复设南海郡，东汉因之。从此，南海之名就定下来了。到了晋代，南海之名屡屡出现在文献中，如晋代张华所著的《博物志》中多处出现有关南海的记载。《博物志·地理略》说："五岭已前至于南海，负海之邦，交趾之土，谓之南裔。"《博物志·水》中说："南海短狭，未及西南夷以穷断，今渡南海至交趾者，不绝也。"在《博物志·外国》中说："三苗国，昔唐尧以天下让于虞，三苗之民非之。帝杀，有苗之民叛，浮入南海，为三苗国。"

在我国古代文献中还有许多关于"南海"的记载，但它并非指现代的南海，而是另有所指。如《禹贡》中有"导黑水至于三危，入于南海"，此处的南海是指居延海。在《山海经》中多次提到南海，也不是今天的南海，如《山海经·大荒南经》就有"南海之外，赤水之西，流沙之东"，"南海之中，有泛天之山，赤水穷焉"。《左传·僖公四年》中有"四年春，齐侯以诸侯之师侵蔡。蔡溃，遂伐楚。楚子使与师言曰：'君处北海，寡人处南海，唯是风马牛不相及也'"。在《史记·秦始皇本纪》中有"三十七年……，上会稽，祭大禹，望于南海，而立石刻颂秦德"。上述所说的南海，均非指今日的南海。

南海又别称涨海。唐人徐坚等在《初学记》中引三国吴人谢承《后汉书》说："交阯七郡贡献，皆从涨海出入。"谢承在《后汉书》中还说："汝南陈茂，尝为交阯别驾，旧刺史行部，不渡涨海。刺史周敞，涉（涨）海遇风，船欲覆没。茂拔剑诃骂水神，风即止息。"唐徐坚等在《初学记·地部中》中说"按：南海大海之别有涨海"。唐代姚思廉在《梁书·诸夷》中说"又传扶南东界即大涨海，海中有大洲，洲上有诸薄国，国东有马五洲，复东行涨海千余里，至自然大洲"。在古代，不少人将涨海与珊瑚礁联系起来。如宋李昉等撰《太平御览》引三国吴康泰《扶南传》说"涨海中，倒（到）珊瑚洲，洲底有盘石，珊瑚生其上也"。李昉还引《南州异物志》说："涨海崎头，水浅而多磁石，徼外人乘大舶，皆以铁锢之，至此关，以磁石不得过。"唐代徐坚等在《初学记》中引《外国杂传》说："大秦西南涨海中，可七八百里，到珊瑚洲。"

涨海之名的缘起，古人论述不多，直至清朝初年屈大均在其《广东新语》中给出了一种说法。他说："炎海善溢，故曰涨海……涨者嘘吸先天之气以为升降，气升则长，长则潮下虚。下虚十丈，则潮上赢十丈。气降则消，消则潮下实。下实一尺，则潮上缩一尺，皆气之所为，故曰涨。凡水能实而不能虚，惟涨海虚时多而实时少，气之最盛故涨，若夫飓风发而流逆起，大伤禾稼，则气郁抑而不得其平，亦涨之说也。涨海故多飓风，故其潮信无定。……其风不定，其潮汐因之，风者，气之所鼓者也。平常则旧潮未去，新潮复来，常羡溢而不平，故曰涨海也。"可见，"涨海"之称从后汉一直延续到南北朝。

由于南海属于热带海洋，适于珊瑚繁殖，海底高台处形成珊瑚岛，南海诸岛的东沙群岛、西沙群岛、中沙群岛和南沙群岛均为珊瑚岛屿。注入南海的主要河流有韩江、珠江、红河和湄公河等。南海周边国家从北部顺时针方向分别为中国、菲律宾、马来西亚、文莱、印度尼西亚、新加坡、泰国、柬埔寨、越南。

中国临南海的有台湾、广东、广西、海南和香港、澳门。

南海已鉴定的浮游植物有 500 多种，浮游动物有 700 多种，栖息鱼类 500 种以上，其中经济价值较高的鱼类有 30 多种，是我国的传统渔场。近年来，南海北部近海资源持续衰退，而南海陆架区以外的广阔海域分布有相当数量的大洋性头足类和金枪鱼资源，极具开发潜力，但受诸多因素的制约，外海渔业新资源尚未有效利用。南海海域是石油宝库，初步估计，整个南海的石油地质储量大致为 230 亿至 300 亿吨，约占中国总资源量的 1/3，是世界四大海洋油气聚集中心之一；我国对南海勘探的海域面积仅有 16 万平方千米，发现的石油储量达 52.2 亿吨；南海近海油气田的开发已具一定规模，其中有涠洲油田、东方气田、崖城气田、文昌油田群、惠州油田、流花油田以及陆丰油田和西江油田等，但更为广阔的南海深水海域仍尚待开发。南海海底还有丰富的矿物资源，含有锰、铁、铜、钴等 35 种金属和稀有金属锰结核。2007 年 5 月，中国在南海北部神弧海域成功取得天然气水合物岩心。南海自古以来就是东西方交流的主要通道，是西欧—中东—远东海运航线（世界最繁忙、最重要的海上航线之一）的重要组成部分，是我国联系东南亚、南亚、西亚、非洲及欧洲的必经之地。南海港口资源丰富，广州港、香港港、深圳港在 2012 年货物吞吐量均超过了 2 亿吨，湛江港、北部湾港发展迅猛。南海跨亚热带和热带，自然景观多样，"海上丝绸之路"人文古迹众多。近年来，珠江三角洲地区、横琴新区、海南国际旅游岛、广西北部湾经济区等发展战略相继获得国家批复实施，区域海洋经济发展迅速，2012 年珠江三角洲地区海洋生产总值 10 028 亿元，占全国海洋生产总值的比重为 20.0%。

第二章 海 湾

北部湾（Běibù Wān）

北纬 19°52.8′，东经 107°49.0′。位于南海西北部，向南敞开的海湾，南部湾口一般以海南岛莺歌角至越南河静省的昏果岛连线为界，东起广东省雷州半岛、琼州海峡，东南为海南岛，北为广西壮族自治区大陆沿岸，西至越南陆地沿岸，是三面陆地环绕的海湾，海岸线长 3 680 千米，湾口宽约 350 千米。据 1964 年中越两国调查资料，全湾面积为 12.8 万平方千米，湾内最大水深 100 米。北部湾连同我国南海，在汉代统称"涨海"，宋代称北部湾为"交洋"，宋周去非《岭外代答·航海外夷》："三佛齐者，诸国海道往来之要衡也。三佛齐之来也，正北行舟，历上、下竺与交洋，乃至中国之境。"19 世纪 80 年代后称"东京湾"，20 世纪 50 年代中期始称"北部湾"。因位于我国南海海域北部，故名。是中国和越南共同的海域，据 2000 年 12 月 25 日中国和越南签署的《中华人民共和国和越南社会主义共和国关于两国在北部湾领海、专属经济区和大陆架的划界协定》，中国和越南分别占北部湾面积的 46.77% 和 53.23%。

流入北部湾的河流有九洲江、南流江、大风江、钦江、防城江、北仑河、昌化江等 125 条中小河流。湾内岛礁众多，主要有高岛列岛、洪麦岛、夜英岛、涠洲岛、斜阳岛。沿岸主要港湾有八所港、洋浦港、后水湾、乌石港、安铺港、流沙港、铁山港、北海港、龙门港、防城港、珍珠港、新英港。矿产资源主要有石油。2005 年 10 月 31 日，中国海洋石油总公司和越南石油总公司签署了《关于北部湾油气合作的框架协议》，两公司将联合勘察北部湾的油气资源。北部湾北部的广西壮族自治区于 2008 年成立了由南宁、北海、钦州和防城港组成的广西北部湾经济区。

英罗港（Yīngluó Gǎng）

北纬 21°30.9′，东经 109°46.4′。位于北海市合浦县东南约 65 千米处，是广西与广东边界上重要海湾。因海湾西岸之英罗村得名。《清史稿·地理志》载："石城县：'洗米河，出广西博白，迤南流为英罗港，入海'。"海湾原分为三段：北段为洗米河口，中段是那腮港，南段为英罗港，今统称为英罗港。

湾口东起广东一侧的龙头沙渔港码头，西至广西一侧的乌泥村南海岸，方向朝南。湾口宽 4.16 千米，纵深 14.5 千米，岸线长 58.18 千米，面积约 38.5 平方千米。湾内有世界珍稀动物儒艮活动。湾口两侧生长红树林，辟为红树林自然保护区。

铁山港 (Tiěshān Gǎng)

北纬 21°39.5′，东经 109°33.9′。位于北海市铁山港区（北暮盐场）和合浦县沙田镇（对达头）连线以北海域。因邻近铁山而名之，古称为永安港，是合浦古港口之一。湾口宽 5.86 千米，岸线长约 158 千米，面积 112.6 平方千米。

铁山港为非正规全日潮海湾，平均潮差 2.53 米，最大潮差 6.25 米。湾内以往复流为主，最大涨潮流速 0.6 米 / 秒，最大落潮流速 0.7 米 / 秒。口门处最大波高约 2.5 米。海底沉积物以深槽为轴，以中粗砂为主，向两侧变细，分别为细砂和黏土质砂。湾内发育深槽，近湾口则脊、槽相间，发育有拦门沙，湾内有数个小湾，如丹兜海、白沙头港等。

铁山港开发历史悠久，新石器时代西瓯越人就在该湾周边活动。据《汉书》载，合浦沿海在秦汉之前就已开始航海活动，铁山港就是古港口之一，汉代在公元 116 年、178 年和 184 年三次以合浦为基地出兵交趾平息叛乱，并将"海上丝绸之路"扩展到印度半岛。西汉桓宽《盐铁论》载："没深渊求珠玑，没机陷求犀象，……，徙邛、筰之货，致之东海，交万里之财"，意为蜀郡的货物运到南海交换珠玑、犀象等珍品。古港口的埠头就是海湾西岸中部的石头埠。明将俞大猷曾以该港作为抗倭水军基地。1935 年法国曾在石头埠附近海底开采煤矿。

铁山港生态环境良好，海水资源比较丰富，珍珠养殖是本湾的重要养殖业，湾内盐业也很发达。石头埠和沙田港是该湾重要渔业、商业两用港，对当地经济具有重要作用。

丹兜海 (Dāndōu Hǎi)

北纬 21°35.0′，东经 109°39.4′。位于北海市合浦县。以湾东侧丹兜村为名，为铁山港内一个小湾。湾口宽 3.53 千米，岸线长 36.46 千米，面积 18.4 平方千米。

丹兜海呈喇叭形，白沙河自东北注入。海水盐度为 28 ～ 32，水浅，很少有船只停泊。底层及东西海岸均为泥沙质，海中部有凸起 5.6 平方千米的泥滩，滩上长有红树林、大米草，为山口红树林国家自然保护区的一部分。水域内产鲚鱼、黄鱼等。世界珍稀动物儒艮有时到达该海区繁衍生息。

西村港 (Xīcūn Gǎng)

北纬 21°27.2′，东经 109°14.2′。为廉州湾内一小湾，位于北海市银海区，合浦县驻地南 21 千米处。因地处西村附近，故名。湾口宽 1.89 千米，岸线长 18.6 千米，面积 7.2 平方千米。

三合口江自北向南注入，呈喇叭形，内窄口宽，出海口向南。大陆架自北向南倾斜，底部为泥沙质，北部底层多黏泥质，长红树林、茜草等。海水盐度为 27.9，年平均水温 24℃。高潮水深 4.8 米，低潮 0.2 米。淤积较严重，水浅，很少有船只停泊。港的东岸有砖厂、盐场等。水域盛产真鲷、沙钻鱼、海猪等。

廉州湾 (Liánzhōu Wān)

北纬 21°33.7′，东经 109°04.6′。位于北海市海城区冠头岭和合浦县西场镇高沙连线以东海域。因属古廉州 [唐贞观八年（634 年）改越州为廉州，治合浦] 辖区，故名。湾呈弧形，湾口宽约 18 千米，岸线长约 98 千米，面积 260.76 平方千米。

廉州湾为正规日潮海湾，平均潮差 2.46 米，最大潮差 5.36 米；实测流速一般为 0.2 ～ 0.5 米 / 秒，落潮流速大于涨潮流速，最大落潮流速达 1 米 / 秒，最大涨潮流速 0.8 米 / 秒；北海站平均波高 0.28 米，最大波高 2.0 米。海底沉积物除深槽为砂质沉积外，其余广大海域为黏土砂类沉积。

廉州湾滩涂广阔，生态环境良好，是水产养殖良好场所，合浦珍珠誉满天下，20 世纪 60 年代开始建立北海珍珠养殖场，培育、养殖珍珠。廉州湾自古以来便是通往东南亚的重要港口，宋朝在廉州府设沿海巡检司，明朝设市舶司。清初，廉州府设珠场司巡检和河泊所等机构。1876 年 9 月 13 日，英国强迫清政府签订《烟台条约》，北海被辟为对外开放口岸。我国改革开放后，北海被列为全国 14 个沿海对外开放城市之一，从而加速了北海港口建设，建设了万吨级码头，开始了海上交通的新时期。廉州湾内，除北海港外，还有高德等渔港，并有南流江、廉州江、七星江等河流注入。

三娘湾 (Sānniáng Wān)

北纬 21°37.3′，东经 108°47.3′。位于钦州市钦南区。因湾中有三块大石耸立，传说是三个姑娘的化身，故名。湾口宽 8.82 千米，岸线长 13.27 千米，面积 15.7 平方千米。

海湾因有乌雷半岛阻挡，避风条件良好。浮游生物繁多，饵料丰富，适合各种鱼类和虾类生育栖息，加之这里恰是南海及越南附近海域鱼群北上洄游的终点，故渔产尤丰，盛产黄鱼、赤鱼、对虾、文蛤和沙虫等。为钦州湾浅海作业渔场和避风锚地之一，也是钦州市重要旅游区之一。

钦州湾 (Qīnzhōu Wān)

北纬 21°43.0′，东经 108°35.2′。位于钦州市和防城港市境内，东起钦州市犀牛脚镇乌雷，西迄防城港市企沙镇天堂角。分为内湾（茅尾海）和外湾（钦州湾），内外湾分界在龙门港和七十二泾处，统称为"钦州湾"，因近钦州而得名。湾口宽约 28 千米，岸线长约 495 千米，面积约 540 平方千米。

钦州湾呈中间窄、南北两侧宽的类哑铃形。茅岭江和钦江注入钦州湾北部的茅尾海。茅岭江年均径流量 15.97 亿立方米，年均输沙量 31.86 万吨；钦江年均径流量 11.69 亿立方米，年均输沙量 26.99 万吨。为正规日潮海湾，平均潮差 2.4 米，最大潮差 5.52 米；湾内涨潮流速小于落潮流速，表层实测最大涨潮流速为 0.51～0.86 米/秒，实测最大落潮流速为 0.67～1.33 米/秒；湾口最大波高为 2.8 米，周期 6 秒。海湾底质以砂类沉积物为主。内外湾海底以龙门港狭口为顶点，分别形成涨潮流三角洲体系和落潮流三角洲体系。前者地貌主要由潮滩、海湾水下平原、涨潮槽、槽间脊等组成；后者主要由落潮流主潮道、涨潮流（补偿流）潮道、边缘坝（槽间脊）、终端坝等地貌构成。落潮流三角洲中落潮主槽道（落海槽）有三，即西槽、中槽和东槽，皆是进入钦州湾的主要水道。

钦州湾是我国重要海湾之一，钦州港是我国改革开放后建设的重要港口，是我国西南地区的重要出海口，也是我国与东盟各国海上贸易往来的枢纽。海湾内还有企沙港、犀牛脚等渔港，还有水产养殖等行业。旅游资源丰富，数百个海岛及其间纵横交错的水道，形成了历史上非常有名的"七十二泾"风景区。

钦州湾历史上就是海防要地，东汉年间伏波将军马援经此取水道征交趾；清光绪年间曾在湾内龙门、鹰岭等岛及乌雷半岛筑炮台。抗日战争期间，龙门港曾两度遭日本侵略军侵占。

茅尾海 (Máowěi Hǎi)

北纬 21°50.3′，东经 108°32.1′。位于钦州市西南约 20 千米，钦州湾北部，钦江和茅岭江的汇合点。东至坚心围，南至大、小亚公山（岛），西至茅岭江口，北至大横渡。因形似猫尾，旧称猫尾海，后因海尾竹冲江口滩涂盛长茅草而易名茅尾海。为钦州湾的一部分，内宽口窄，南北走向。湾口宽约 5.39 千米，岸线长约 137 千米，面积 145.4 平方千米。水深 0.1～5 米，中部洪水期涨潮流速为 0.67 米/秒，落潮流速为 1 米/秒，落潮最大流速达 1.4 米/秒以上，是典型的往复流。由于湾内水较浅，茅岭江和钦江注入湾中，咸淡水交汇，温度适中，水质肥沃，水产资源较丰富，已知虾类有 11 种、蟹类 10 种、鳝类 3 种。野禽有野鸭、水鸡等，还有环节动物禾虫等。湾南部和西部均有人工养殖牡蛎场所，为钦州市浅海作业渔场和海水养殖场地，也是沿海鸭、鹅养殖基地。

旧洋江湾 (Jiùyángjiāng Wān)

北纬 21°41.7′，东经 108°32.3′。位于防城港市防城区。因靠近旧洋江大村而得名。为钦州湾内一个小湾。湾口宽 1.47 千米，岸线长 21.57 千米，面积 5.4 平方千米。

不正规全日潮海湾，潮差 2.4～4.7 米。湾内有大小岛礁 33 个，四周沿岸筑有海堤，围垦成稻田和鱼虾养殖场。

防城港 (Fángchéng Gǎng)

北纬 21°35.3′，东经 108°20.9′。位于防城港市港口区企沙镇炮台和防城区江山乡火烧墩角连线以北海域。为防城江出海的港湾，故名。防城港以渔沥岛为界，分为东湾和西湾。湾口宽约 19 千米，岸线长约 200 千米，面积 193.64 平方千米，有防城江等河流注入湾中。

为正规全日潮海湾，平均潮差 2.25 米，最大潮差 4.93 米；航道附近实测表层最大涨潮流速 0.72 米 / 秒，最大落潮流速 0.76 米 / 秒。风暴潮对防城港影响明显，湾内最大增水 2 米，最大减水 1.4 米，最大波高 3.02 米，海湾沉积物以砂质为主。

湾内生态环境良好，滩涂广阔，水产养殖丰富，主要养殖对象为对虾、牡蛎、青蟹、珍珠。沿岸水陆交通方便，湾内最主要的开放项目为港口建设，是我国南部最西端的一个深水避风天然良港，也是我国大西南各省区发展海外经济贸易的最便捷通道，被誉为"大西南的重要门户"，大大促进了我国西南各省区的经济发展。

云约江港（Yúnyuējiāng Gǎng）

北纬 21°36.3′，东经 108°25.2′。位于防城港市港口区。因靠近云约村得名。为防城港东湾内一个小湾。湾口宽约 2 千米，岸线长 34.34 千米，面积 7.5 平方千米。

不正规全日潮，潮差 2.34～4.47 米。沿岸为丘陵、台地，南北两边近岸均生长红树林，沿岸多处筑有海堤，围垦为稻田、盐田及鱼、虾养殖场。

榕木江湾（Róngmùjiāng Wān）

北纬 21°40.6′，东经 108°25.4′。位于防城港市港口区。因榕木江从北流入，故名。为防城港东湾内一个小湾。湾口宽 2.27 千米，岸线长 21.91 千米，面积 7.8 平方千米。

不正规全日潮，潮差 2.34～4.47 米。东西两侧近岸长有稀疏红树林，沿岸多处筑有海堤，围垦稻田、盐田和鱼虾养殖场，其中西侧小龙门对虾养殖场规模较大。

东湾（Dōng Wān）

北纬 21°37.2′，东经 108°23.4′。为防城港内一小湾，位于防城港市。曾名"暗埠口江港"。因位于防城港的东侧，故名。湾口宽约 3 千米，岸线长约 129 千米，面积 61.66 平方千米。

不正规全日潮，涨潮向东北，落潮向西南，流速约 0.5 米/秒。潮差 2.34～4.47 米，湾内有老鸦墩等 10 多个大小岛礁。产鲚、黄鱼、鲻鱼等。

西湾 (Xī Wān)

北纬 21°38.3′，东经 108°20.0′。为防城港内一小湾，位于防城港市，海湾东南侧为防城港区，中部建有西海湾大桥。因位于防城港的西侧而得名。湾口宽 836 米，岸线长 58.13 千米，面积 32.25 平方千米。

第三章　水　道

大红排航道 (Dàhóngpái Hángdào)

北纬 21°40.7′，东经 108°35.4′。位于防城港市港口区企沙镇东北 11.25 千米，钦州湾西侧。因东面靠近大红排，故名。

该水道是龙门港主航道中段。南北走向。全长 10.2 千米，最窄处宽 584 米，水深 5.6～12.8 米，砂质底。涨潮流向北，落潮流向南，流速 0.5～1 米/秒。常年风向为西北风和东南风，年平均风速 6.8 米/秒，最大风速 32.6 米/秒。雾多发生在冬末春初之清晨，日出雾散，一般延续 2～3 小时，年均雾日为 10.9 天，最多 23 天。低潮时可通航 5 000～6 000 吨级轮船，涨潮时万吨级轮船可畅通无阻。

象骨沙航道 (Xiànggǔshā Hángdào)

北纬 21°35.8′，东经 108°35.1′。位于防城港市港口区企沙镇东南 10.2 千米，钦州湾口西侧。因靠近象骨沙得名。

为龙门港主航道的一段。西南—东北走向，长 4.5 千米，平均宽约 350 米，最窄处宽 176 米，水深 5～13 米，砂质底，无礁石。涨潮流向东北，落潮流向西南，流速 0.5～1 米/秒。常年风向为西北风和东南风，多年平均风速 6.8 米/秒，最大风速 32.6 米/秒。雾多发生在冬末春初的清晨，日出雾散，一般延续 2～3 小时，年均雾日 10.9 天，最多 23 天。能通航 2 000～3 000 吨级船舶。

大口航道 (Dàkǒu Hángdào)

北纬 21°34.3′，东经 108°33.1′。位于防城港市港口区企沙镇东偏南 8 千米，钦州湾西侧。因在二口航道东，比二口大，故名。

西北—东南走向，长 10.2 千米，最窄处宽 133 米，水深 5.4～7.6 米。不正规全日潮，平均潮差 2.12 米，涨潮流向西北，落潮流向东南。常年风向为西北和东南风，多年平均风速 6.8 米/秒，最大风速达 32.6 米/秒。雾多发生在冬末春初之清晨，日出雾散，一般延续 2～3 小时，年均雾日为 10.9 天。水道为砂质底，无礁石，能通航千吨以下船只，是企沙港通往龙门港的捷径。

二口航道 (Èrkǒu Hángdào)

北纬21°34.3′，东经108°31.9′。位于防城港市港口区企沙镇东6千米，钦州湾西侧。在大口航道西1.5千米，比大口小按序列称二口。

东北—西南走向，长约700米，最窄处宽426米，最大水深4.3米。不正规全日潮，平均潮差2.12米，最大流速3.1米/秒，涨潮流向东北，落潮流向西南。常年风向为西北风和东南风，多年平均风速6.8米/秒，最大风速32.6米/秒。雾多发生在冬末春初之清晨，日出雾散，一般延续2～3小时，年均雾日为10.9天，最多23天。水道砂质底，无礁石。能通航100吨以下船只，系企沙港通往龙门港的捷径。

防城港航道 (Fángchénggǎng Hángdào)

北纬21°33.9′，东经108°20.0′。位于防城港市驻地南，白龙半岛东缘，防城港西侧，北端距防城港区1.5千米。因是防城港巨轮进出的主航道，故名。

航道自九号灯浮标起至二号灯浮标止，由北向南微弯状延伸，全长11.8千米，最窄处宽142米，最大水深9.8米。涨潮流向北，流速0.26米/秒；落潮流向南，流速0.5米/秒。遇防城江山洪暴涨时，最大流速1米/秒。属不正规全日潮，最高潮位4.9米，最低潮位0.58米，平均潮高为3.94米。常年为西北风和东南风，年均风速6.8米/秒，最大风速达32.6米/秒。冬末春初多雾，日出雾消，一般延续2～3小时，年均雾日10.9天，最多23天，最少4天。砂质底，航道中有2个礁石（一个在航道中间偏东，离水面3.6米；另一个在航道西侧，离水面仅0.1米）。导航设施较好，除沿线设灯浮标外，在西沿岸高处均设立各种导航标志。

第四章　滩

牵牛沙（Qiānniú Shā）

北纬 21°27.5′，东经 109°47.6′。潮滩。位于北海市合浦县山口镇东南约 15 千米，英罗港主航道东侧。因与广东廉江市交界，山口、英罗等地经常有人牵牛由该滩到廉江贩卖，故名。近似椭圆形，地势中间高两边低，南北走向，长 1.4 千米，宽 0.8 千米，面积约 0.84 平方千米，表层稀淤泥，下层为砂质。干出高度 0.3～1.1 米。周围水深 0.8～4.5 米，船常在此搁浅，附近海域盛产黄鱼、青蟹等。

门口港滩（Ménkǒugǎng Tān）

北纬 21°33.7′，东经 109°44.9′。潮滩。位于北海市合浦县山口镇东南 5 千米。因该滩地处门口港东面，故名。呈长形，西高东低，南北走向，长 4.8 千米，最宽处 0.9 千米，面积约 3 平方千米。由泥砂质构成，长有红树林。干出高度 2.7～3.3 米，高潮水深 2～2.8 米，低潮全干出。附近水域产青蟹、鲚鱼等。

北界面（Běijiè Miàn）

北纬 21°31.8′，东经 109°45.5′。潮滩。位于北海市合浦县山口镇东南约 9.6 千米。因地处北界村，故名。呈长形，最长 4.5 千米，最宽处 0.7 千米，面积约 1.8 平方千米，由泥砂质组成，西高东低，南北走向，长有红树林。干出高度 2.7～3.2 米，高潮水深 2～3 米，低潮全干出。附近海域产鲚鱼、青蟹等。

高沙（Gāo Shā）

北纬 21°29.7′，东经 109°46.4′。潮滩。位于北海市合浦县山口镇东南约 13.5 千米。该滩为泥砂质，比附近滩涂高，故名。呈长形，北高南低，南北走向。最长 4.5 千米，最宽 0.8 千米，面积约 2.3 平方千米。干出高度 1.1～2.5 米，周围水深 0.6～1.1 米。附近海域盛产黄鱼、鲚鱼等。

太兴塘滩 (Tàixìngtáng Tān)

北纬 21°29.3′，东经 109°45.7′。潮滩。位于北海市合浦县山口镇东南约 12.5 千米。因该滩地处太兴塘，故名。似长方形，北高南低，南北走向。最长 1.5 千米，最宽 1 千米，面积约 1.45 平方千米。由泥砂质构成，北部有红树林。干出高度 0.1～2.6 米，低潮干出，高潮水深 2.9～5.4 米。附近水域产鲚鱼、青蟹等。

四环沙 (Sìhuán Shā)

北纬 21°28.3′，东经 109°45.9′。潮滩。位于北海市合浦县山口镇东南约 13.5 千米。因该滩四周都有沙包围，故名。呈长形，西高东低，南北走向。最长 3 千米，最宽 1.3 千米，面积约 3 平方千米。由泥砂质组成，干出高度 1～2 米，东侧水深 2.5～3.2 米，西部连接陆地，长有少量海茜。附近水域产黄鱼、贝类等。

水井头滩 (Shuǐjǐngtóu Tān)

北纬 21°31.8′，东经 109°39.7′。潮滩。位于北海市合浦县山口镇西南约 8.5 千米。该滩东面靠岸处有一口水井，故名。最长 2.5 千米，最宽 1.6 千米，面积约 3 平方千米，干出高度 0.9～2.5 米，高潮水深 3～4.6 米，低潮水深 0.4～1.5 米。附近水域产黄鱼、膏蟹等。

红沙头滩 (Hóngshātóu Tān)

北纬 21°33.6′，东经 109°39.9′。潮滩。位于北海市合浦县山口镇西南约 7.5 千米。该沙最高点为红砂质，故名。呈长方形，东高西低，东西走向。最长 1.3 千米，最宽 0.9 千米，面积约 1.1 平方千米，由泥砂质构成，北部有少量红树林。干出高度 2～2.5 米，东部连接陆地，北、南、西部为干出滩。高潮水深 1.5～2 米。附近水域产黄鱼、螃蟹等。

葫芦沙 (Húlu Shā)

北纬 21°34.2′，东经 109°39.8′。潮滩。位于北海市合浦县山口镇西南约 8.5 千米。因该沙形似葫芦，故名。又名沙脊。呈葫芦形，东高西低，南北走向，最长 4.1 千米，最宽 1.5 千米，面积约 3.6 平方千米。由泥砂质构成，东部干出，长有少量红树林。干出高度 1～1.6 米，西侧沥路水深 0.1～1.3 米，东侧为干出滩。附近水域产黄鱼、青蟹等。

高沙头滩 （Gāoshātóu Tān）

北纬 21°35.4′，东经 109°36.2′。潮滩。位于北海市合浦县白沙镇西 10.4 千米，铁山港内。因该沙干出高度比四周各滩稍高，故名。略呈梯形，东北 — 西南走向，最长 2 千米，最宽 1.6 千米，面积约 3 平方千米。由泥沙质组成，干出高度 2.6 米，周围水深 7.8 米，滩西南侧为铁山港主航道，滩上长有少量红树林、海草。附近水域产青蟹、沙虫（方格星虫）等。

沙虫坪 （Shāchóng Píng）

北纬 21°36.6′，东经 109°35.8′。潮滩。位于北海市合浦县。因该滩盛产沙虫，故名。呈梯形，东北 — 西南走向。最长 2.1 千米，最宽 1.7 千米，面积约 2.8 平方千米。由泥砂质构成，长有红树林、海草。高潮水深 3～4.3 米，低潮干出，干出高度 2.2 米，滩南侧为铁山港主航道（水深 7.4 米）。附近水域盛产青蟹、沙虫。

白沙塘面 （Báishātáng Miàn）

北纬 21°38.5′，东经 109°34.6′。潮滩。位于北海市合浦县。地处白沙塘村西，故名。近似长方形，西北 — 东南走向，最长 2 千米，最宽 0.8 千米，面积约 1.4 平方千米，由泥沙沉积物构成。滩东部长有红树林，高潮水深 3～4.6 米，低潮干出高度约 2.9 米。西侧为铁山港主航道，水深 4.8 米，附近水域产沙虫、青蟹等。

洋墩面 （Yángdūn Miàn）

北纬 21°40.6′，东经 109°33.5′。潮滩。位于北海市合浦县。因地处洋墩村西南面，故名。呈长方形，南北走向。最长 2 千米，最宽 1.3 千米，面积约 2.4 平方千米。由泥沙沉积物构成，长有红树林。干出高度 3.3 米，高潮水深 4～4.5 米。滩西侧为铁山港主航道（水深 4.8 米）。附近水域产青蟹、鲚鱼等。

下洲滩 （Xiàzhōu Tān）

北纬 21°41.2′，东经 109°33.2′。潮滩。位于北海市合浦县白沙镇西约 14.5 千米，铁山港内。因地处上洲的下方得名。呈长条形，南北走向，长 3 千米，宽 0.6 千米，面积 1 平方千米，由泥沙沉积物构成，干出高 0.3～2.3 米，高潮水深 0.5～2 米，低潮水深 0.2～1.4 米。滩中部有老鸦洲墩岛，长有红树林，西侧为铁山港主航道。附近海域产青蟹、鲚鱼等。

上洲滩 (Shàngzhōu Tān)

北纬21°42.5′，东经109°33.3′。潮滩。位于北海市合浦县。因地处下洲上方，故名。呈长条形，东北—西南走向。最长3.1千米，最宽0.4千米，面积约0.95平方千米。由泥沙沉积物构成，长有少量红树林。周围水深0.5～1.6米，干出高度1.3～2.3米。在主航道中，对航行影响不大。附近水域产青蟹、鲚鱼等。

螃蟹田塘滩 (Pángxiètiántáng Tān)

北纬21°43.6′，东经109°32.7′。潮滩。位于北海市合浦县。因地处螃蟹村前，滩有几个水塘，故名。由泥沙沉积物构成，略呈梯形，南北走向。最长1.5千米，最宽1.3千米，面积约1.7平方千米。高潮水深1～2米，低潮周围水深0.3～0.6米，干出高度2米。附近水域产青蟹、鲚鱼等。

大草坡滩 (Dàcǎopō Tān)

北纬21°42.1′，东经109°30.9′。潮滩。位于北海市合浦县。因该滩面积较大，滩上长满海草，故名。近似长方形，地势西北高，东南低，西北—东南走向。最长1.4千米，最宽0.8千米，面积约1平方千米。干出高1.9米，底部属岩石质，表层泥砂质，高潮水深4～4.5米，低潮为干出滩。附近水域产鲚鱼、青蟹等。

上下塘滩 (Shàngxiàtáng Tān)

北纬21°41.9′，东经109°30.8′。潮滩。位于北海市合浦县闸口镇东南约4.5千米，铁山港主航道西北面。上下方各有一个凹坑，似水塘，故名。呈长方形，地势西北高东南低，西北—东南走向，最长1.6千米，最宽1.1千米，面积约1.6平方千米。由淡黄色泥沙质构成，干出高度1.6米，低潮为干出滩。附近水域产鲚鱼、中国鲎等。

散沙面 (Sǎnshā Miàn)

北纬21°41.1′，东经109°32.2′。潮滩。位于北海市合浦县。因位于散沙的东面，故名。近似长方形，地势西高东低，南北走向，最长2.5千米，最宽1.3千米，面积约2.8平方千米。由淡黄色沙泥沉积物构成，干出高度2.7米，东侧高潮水深1.5～3.7米，低潮南北周围属干出滩。附近水域产鲚鱼、黄鱼等。

里头山面 (Lǐtóushān Miàn)

北纬 21°38.6′，东经 109°32.3′。潮滩。位于北海市铁山港区。因地处里头山村东面，故名。呈长方形，地势西北高，东南低，西北—东南走向，最长 2.5 千米，最宽 1.35 千米，面积约 3.3 平方千米。由沙泥沉积物构成，干出高度 0.3～2.3 米，附近水深 0.2～1.6 米。水域产黄鱼、沙虫等。

葛麻山面 (Gémáshān Miàn)

北纬 21°37.3′，东经 109°33.3′。潮滩。位于北海市铁山港区南康镇东南约 10.8 千米，铁山港主航道西侧。因位于葛麻山村东面，故名。呈菱形，地势西高东低，南北走向，最长 2 千米，最宽 1 千米，面积约 1.5 平方千米。由泥沙沉积物构成。干出高度 0.7～2.3 米，东侧附近水深 3.2～6.4 米。附近水域产鲚鱼、黄鱼、沙虫等。

淡水口面 (Dànshuǐkǒu Miàn)

北纬 21°29.6′，东经 109°32.6′。潮滩。位于北海市铁山港区。因地处淡水口村南面，故名。呈菱形，东北—西南走向，地势北高南低，最长 6.5 千米，最宽 2.6 千米，面积约 14 平方千米。干出高度 0.3～2.5 米，由砂泥砾冲积物组成。北连陆地，东西部为干出滩，高潮周围水深 3～5.2 米，低潮周围水深 0.1～0.2 米。附近水域产珍珠贝、沙虫、鲚鱼等。

青山头面 (Qīngshāntóu Miàn)

北纬 21°27.7′，东经 109°28.5′。潮滩。位于北海市铁山港区营盘镇东南 4 千米。因处青山头村南，故名。略呈正方形，北高南低，长 4 千米，面积约 16 平方千米，干出高度 0.4～2.5 米，由砂泥砾冲积物组成，北连陆地，东西为干出沙滩，高潮周围水深 3～5.4 米，低潮（南面）周围水深 0.1～0.4 米，附近水域产沙虫、鲚鱼、黄鱼、虾及贝类等。

营盘面 (Yíngpán Miàn)

北纬 21°26.5′，东经 109°27.3′。潮滩。位于北海市铁山港区营盘镇南，营盘港内。因处营盘村南面，故名。近似正方形，东北高，西南低，长 3.2 千米，面积约 10 平方千米。干出高度 0.2～2.4 米。由砂泥砾冲积物组成。最高潮周围水深 3.5～4.8 米，最低潮周围水深（南侧）0.2～0.9 米，北连陆地，东西部为干出滩。附近水域产鳀鱼、黄鱼、沙虫、大虾等。为合浦县浅海捕捞场所。

牛屎港面 (Niúshǐgǎng Miàn)

北纬 21°26.8′，东经 109°25.0′。潮滩。位于北海市铁山港区营盘镇西南约 4.8 千米。因地处牛屎港南，故名。略呈长方形，地势北高南低，南北走向，最长 4.5 千米，最宽 2.7 千米，面积约 10 平方千米。沙泥质，干出高度 0.1～2.2 米，南部附近水深 0.8～1.4 米，周围水深 2.6～4.7 米。附近水域产黄鱼、鳀鱼、贝类、沙虫等。

螃蟹塘面 (Pángxiètáng Miàn)

北纬 21°26.6′，东经 109°21.2′。潮滩。位于北海市铁山港区。因地处螃蟹塘南面，故名。南北走向，北高南低，呈长方形，长 6 千米，宽 2.4 千米，面积约 14.4 平方千米。沙泥质。干出高度 0.5～2.4 米，南部附近水深 1.1～1.4 米，北连陆地，东西面为干出沙滩。附近水域产黄鱼、鳀鱼、珍珠贝类等。

西村面 (Xīcūn Miàn)

北纬 21°25.2′，东经 109°16.1′。潮滩。位于北海市银海区福成镇西南约 18.5 千米。因位于西村南面，故名。呈长条形，地势北高南低，南北走向。最长 4.8 千米，最宽 2.6 千米，面积约 12 平方千米，干出高度 1～2.1 米。西侧西村港航道高潮水深 0.3～0.4 米。附近水域产黄鱼、沙虫及珍珠贝等。

北海银滩 (Běihǎiyín Tān)

北纬 21°23.7′，东经 109°10.0′。海滩。位于北海市银海区。因沙滩呈银色，位于北海市，故名。因与白虎头村相连，又名"白虎头沙"。略呈三角形，以其"滩长平、沙细白、水温静、浪柔软、无鲨鱼"的特点，被誉为"天下第一滩"，也是中国十大最美海滩之一。北面竖有一座 10 米高的灯塔，南面水深 1～5 米。沙滩边有木麻黄林带，建有供游人憩息的竹楼，有海滨浴场和"龙虎银滩"著名旅游区。附近海域产沙虫、文蛤（车螺）、长腕和尚蟹（沙蟹）等。有石英砂矿，二氧化硅含量在 98% 以上，蕴藏量约 1 500 万吨。

淡水沙 (Dànshuǐ Shā)

北纬 21°28.3′，东经 109°03.4′。海滩。位于北海市冠头岭主峰望楼岭北面海中，相距望楼岭 1.2 千米，东距石步岭（丘）0.7 千米。因岭上淡水汇集流经该处入海，故名。由崖岸向东北延伸，呈黄牛角形，长 1.4 千米，宽 0.4 千米，面积约 0.43 平方千米。属顺延海岸冲积而成，沙白色。周围水深 1.6～3.3 米，四周海域产石斑鱼、斑鳝等。

岭底滩 (Lǐngdǐ Tān)

北纬 21°31.9′，东经 109°09.7′。潮滩。位于北海市合浦县。靠近岭底村，故名。南北走向，略呈半月形，长 4 千米，宽 1.8 千米，面积约 4.9 平方千米。由沙泥质构成，附近水深 1～2 米，滩面平缓，盛产毛蚶（红螺）。

草鞋墩 (Cǎoxié Dūn)

北纬 21°34.5′，东经 109°08.2′。潮滩。位于北海市合浦县党江镇东南约 9.3 千米。因该滩形似草鞋而得名。呈长圆形，地势东北高西南低，东北—西南走向，最长 2.2 千米，最宽 720 米，面积约 0.91 平方千米。由泥砂质构成，干出高度 0.5～2 米，高潮周围水深 3～4.5 米，低潮周围水深 0.5～1 米。附近水域产黄鱼、鲚鱼、虾等。

土地墩田尿滩 (Tǔdìdūn Tiándū Tān)

北纬 21°36.6′，东经 108°54.6′。潮滩。位于北海市合浦县党江镇南约 9.3 千米。因该滩在土地墩村田的尽头处，故名。近似椭圆形，地势北高南低，南北走向，最长 3.6 千米，最宽 2.3 千米，面积约 5 平方千米，由泥砂质堆积而成，干出高度 2～2.6 米，高潮周围水深 4～5.5 米，低潮周围水深 0.1～0.5 米。附近水域产黄鱼、鲚鱼、虾及贝类等。

大草墩 (Dàcǎo Dūn)

北纬 21°34.8′，东经 109°06.5′。潮滩。位于北海市合浦县党江镇南约 9 千米。因该滩较大，长有菅草，故名。近似长条形，地势北高南低，南北走向，长 3 千米，宽 2 千米，面积约 5.5 平方千米。泥质，长有红树林。高潮周围水深 4～5.6 米，低潮周围水深 0.1～0.8 米，东西侧水道深 0.1～0.8 米。干出高度 1.7～3 米。

附近水域产黄鱼、蟹、虾等。

八涟墩 (Bābàn Dūn)

北纬 21°35.1′，东经 109°05.0′。潮滩。位于北海市合浦县党江镇西南约 8.6 千米。该滩稀泥较多，形似八字，故称"八涟墩"。略呈三角形，地势北高南低，南北走向，最长 4.5 千米，最宽 1.8 千米，面积约 5 平方千米，干出高度 2～2.8 米。高潮周围水深 4～5.8 米，低潮周围水深 0.2～1 米。附近水域产黄鱼、鲚鱼、虾及贝类等。

新田坪 (Xīntián Píng)

北纬 21°35.5′，东经 109°03.8′。潮滩。位于北海市合浦县党江镇西南 8.9 千米。因地处新田村南，且较平整，故名。略呈半圆形，地势北高南低，南北走向。最长 3.2 千米，最宽 1.2 千米，面积约 2.8 平方千米。由泥质构成，长有菅草和红树林，干出高度 2.2～2.6 米，高潮周围水深 3.8～4 米，低潮周围水深 0.05～0.1 米。附近水域产淡水黄鱼、鲚鱼等。

东廊滩 (Dōngláng Tān)

北纬 21°35.9′，东经 109°02.5′。潮滩。位于北海市合浦县。因该滩地处东廊村之南，故名。呈长形，南高北低，南北走向，最长 3.2 千米，最宽 1.1 千米，面积约 2.7 平方千米，由泥砂质构成。高潮水深 4.6～5.6 米，低潮周围水深 0.1～1 米。干出高度 2～3.1 米，长有菅草、红树林。附近水域产鲚鱼、黄鱼及贝类等。

西廊滩 (Xīláng Tān)

北纬 21°35.9′，东经 109°01.7′。潮滩。位于北海市合浦县。因该滩位于西廊村南部，故名。呈长方形，地势北高南低，南北走向，最长 3.5 千米，最宽 1.4 千米，面积约 3.8 平方千米，由泥砂质构成，长有菅草及红树林，高潮周围水深 4.7～5.6 米，低潮周围水深 0.1～1 米。干出高度 1.5～2.5 米。附近水域产鲚鱼、黄鱼及贝类等。

桅杆墩 (Wéigān Dūn)

北纬 21°36.4′，东经 109°01.5′。潮滩。位于北海市合浦县沙岗镇南 6.8 千米，南流江主干流出口处。因形似桅杆，故名。呈长形，北高南低，长 1.9 千米，宽 200 米，面积约 0.29 平方千米。干出高度 1.4～1.8 米。高潮周围水深 5～5.8 米，低潮周围水深 0.5～1.2 米。有碍航船，常发生船只搁浅事故。滩上长有菅草及红树林。附近水域产鲅鱼、黄鱼、青蟹等。

高沙面 (Gāoshā Miàn)

北纬 21°35.7′，东经 108°58.8′。潮滩。位于北海市合浦县。因地处高沙的南面，故名。略呈三角形，地势北高南低，南北走向，最长 7 千米，最宽 4 千米，面积约 14 平方千米。由泥砂质构成，北部长有少量红树林、菅草。干出高度 0.2～2.9 米，高潮周围水深 1.7～4.4 米，低潮周围水深 0.1～0.7 米。附近水域产黄鱼、鲅鱼及贝类等。

那隆面 (Nàlóng Miàn)

北纬 21°35.8′，东经 108°57.3′。潮滩。位于北海市合浦县。因处那隆村前，故名。略呈菱形，地势北高南低，南北走向，最长 4.6 千米，最宽约 3.3 千米，面积约 15 平方千米。北部紧接陆地，高潮南部附近水深 0.8～1.2 米。干出高度 0.2～2.6 米，是浅海塞网、塞泊的好场所。附近水域产鲅鱼、鲨、虾及贝类等。

卸江面 (Xièjiāng Miàn)

北纬 21°37.5′，东经 108°54.1′。潮滩。位于北海市合浦县西场镇东南约 12.5 千米，大风江主航道东侧。呈曲尺形，南北走向。最长 3.5 千米，最宽 2 千米，面积约 5 平方千米。北部为泥砂质，南部为砂质，长有红树林。高潮周围水深 4.5～5.3 米，低潮周围水深 0.1～2.5 米。北、东、南面干出。附近水域产沙虫、鲅鱼、真鲷等。

官井面 (Guānjǐng Miàn)

北纬 21°40.1′，东经 108°51.9′。潮滩。位于北海市合浦县西场镇南侧 11.5 千米。因地近官井村，故名。呈长方形，南北走向。长 4.1 千米，宽 1.1 千米，面积约 4.51 平方千米。由泥砂质构成。高潮周围水深 4.7～8.5 米，低潮周围水深 0.1～2.9 米，北部干出，干出高度 1.3～1.8 米，长有红树林、杂草。附近水域产鲅鱼、真鲷等。

大墩面 (Dàdūn Miàn)

北纬 21°43.1′，东经 108°51.8′。潮滩。位于北海市合浦县西场镇西北 16.5 千米。因地近大墩岛，故名。略呈半圆形，地势北高南低，南北走向，长 3.2 千米，宽 1 千米，面积约 3.1 平方千米。高潮周围水深 4.7～5.1 米，低潮周围水深 0.1～0.5 米，干出高度 1.4～2.3 米。滩上长有少量海草。附近水域产鲚鱼、真鲷等。

沙屎滩 (Shādū Tān)

北纬 21°36.1′，东经 108°51.0′。潮滩。位于钦州市钦南区。因含沙量较多，在三娘湾北滩涂尾端，故名。呈长形，南北走向，中间稍高，长 5.5 千米，宽 2.5 千米，面积约 13.75 平方千米。为沙泥质滩，干出高度 2.5 米，高潮时全部淹没。附近产沙虫、对虾。

船厂面 (Chuánchǎng Miàn)

北纬 21°37.6′，东经 108°48.3′。潮滩。位于钦州市钦南区。因位于船厂街前面，故名。略呈梯形，从北向南延伸，长 3.5 千米，面积约 11.25 平方千米。为沙泥质滩，干出高度 2.2 米，长有红树林，近海水深 0.6 米。产沙虫、对虾、黄鱼等。

三娘湾面 (Sānniángwān Miàn)

北纬 21°37.1′，东经 108°46.3′。潮滩。位于钦州市钦南区犀牛脚镇东南 5.5 千米。因滩在三娘湾村前面，故名。略呈三角形，东北—西南走向，地势北高南低，长 4.2 千米，宽 1.5 千米，面积约 6.25 平方千米。由砂泥砾组成，干出高 1.1 米，附近水深 0.6 米。产对虾、马鲛鱼等。

乌雷面 (Wūléi Miàn)

北纬 21°36.4′，东经 108°44.3′。潮滩。位于钦州市钦南区犀牛脚镇南 5 千米。因位于乌雷村前，故名。呈长形，西北—东南走向，长 3.5 千米，宽 0.4 千米，面积约 1.25 平方千米。表层为泥质，干出高度 0.7 米，附近水深 0.6 米。产沙虫及贝类。

外沙 (Wài Shā)

北纬 21°38.7′，东经 108°43.4′。潮滩。位于钦州市钦南区犀牛脚镇南 1.2

千米。因位于犀牛脚村西南堤围外,故名。呈弧形,西北—东南走向,北高南低,长 2.7 千米,面积约 2.13 平方千米。为泥沙混合滩,干出高 1.5 米,近海平均水深 0.7 米。产马鲛鱼、黄鱼、对虾等。

平山江口滩 (Píngshānjiāngkǒu Tān)

北纬 21°40.8′,东经 108°42.6′。潮滩。位于钦州市钦南区。因近平山江口,故名。呈长方形,南北走向,东高西低,长 3.5 千米,面积约 2.8 平方千米。为泥质滩,干出高度 2.1 米,长红树林,近海平均水深 1 米。产鲻鱼、鲷鱼等。

粟地脚环滩 (Sùdìjiǎohuán Tān)

北纬 21°42.1′,东经 108°42.5′。潮滩。位于钦州市钦南区。因滩近粟地脚村,西南是海湾("湾"地方语称"环")故名。呈长形,南北走向,东高西低,长 4 千米,面积约 2.75 平方千米。为沙泥混合滩,干出高度 2.1 米,近海平均水深 1 米。产鲻鱼、鲷鱼等。

水井环滩 (Shuǐjǐnghuán Tān)

北纬 21°42.6′,东经 108°41.9′。潮滩。位于钦州市钦南区犀牛脚镇西北 6.5 千米。因位于海湾(俗称"环"),滩旁岸有一水井,故名。呈长形,东北—西南走向,长 3 千米,宽 720 米,面积约 2.13 平方千米。为泥质滩,干出高度 1.9 米,西面长有红树林。附近海域产青蟹、鲷鱼等。

硫磺面 (Liúhuáng Miàn)

北纬 21°41.7′,东经 108°40.9′。潮滩。位于钦州市钦南区。因在硫磺山村前,故名。略呈长形,西北—东南走向,北高南低,长 1.9 千米,宽 1.8 千米,面积约 3.42 平方千米。为沙泥质滩,干出高度 1.3 米,附近水深 0.3 米。产牡蛎、青蟹、对虾等。

江口坪 (Jiāngkǒu Píng)

北纬 21°42.4′,东经 108°39.8′。潮滩。位于钦州市钦南区。因滩在大潭江出口处,表面较平,故名。呈长形,东西走向,北高南低,长 4.1 千米,面积约 6.64 平方千米。为沙泥质滩,干出高度 2.4 米,近海水深 0.2 米。盛产鲻鱼、鲷鱼、对虾等。

金鼓沙 (Jīngǔ Shā)

北纬 21°43.2′，东经 108°38.9′。潮滩。位于钦州市钦南区。因滩近金鼓村，故名。呈长形，从北向南延伸，北高南低，长 6.8 千米，面积约 7.48 平方千米。沙泥质滩，干出高度 2.2 米。近海平均水深 2 米，航道旁易使航船搁浅。产对虾、沙虫及贝类等。

牙山坪 (Yáshān Píng)

北纬 21°43.0′，东经 108°37.6′。潮滩。位于钦州市钦南区。因靠近大番坡镇牙山村而得名。略呈梯形，从北向南延伸，北高南低，长约 4.2 千米，面积约 6.72 平方千米。为沙泥质，干出高度 2.3 米，近海水深 2 米，南临航道。附近产沙虫、对虾及各种贝类。

长泥滩 (Chángní Tān)

北纬 21°49.8′，东经 108°35.1′。潮滩。位于钦州市钦南区。呈长形，因形而得名。从北向南延伸，北高南低，为泥质滩涂，高潮时全部淹没，干出高度 2.2 米，近海水深 0.9 米，长有茜草和红树林。产牡蛎、青蟹、鲻鱼等。

叶山坪 (Yèshān Píng)

北纬 21°51.5′，东经 108°36.0′。潮滩。位于钦州市钦南区。因滩形似树叶，顶较平，干出像平顶山，故名。呈菱形，南北走向，长 1.7 千米，面积约 0.54 平方千米。为松散沙泥质，干出高度 3.2 米。长有茜草、红树林。

沙冲坪 (Shāchōng Píng)

北纬 21°53.3′，东经 108°33.8′。潮滩。位于钦州市钦南区。因靠近沙冲围村，故名。南北走向，呈三角形，长 1.3 千米，面积约 1 平方千米。为泥砂质滩，由北向南倾斜。高潮时淹没，水深 3.9 米，干出高度 0.9 米。长有茜草、红树林。附近产青蟹、贝类等。

大卯鱼坪 (Dàmǎo Yúpíng)

北纬 21°53.1′，东经 108°33.3′。潮滩。位于钦州市钦南区。因滩形似鱼，地势低，涨潮时水涨得较快（当地称为"大卯"），故名。长 1.2 千米，面积约 0.6 平方千米。呈狭长形，由北向南延伸，为泥砂质滩。高潮时全部淹没，水深 3.8 米，干出高度 0.9 米。附近产青蟹、贝类等。

草髻墩 (Cǎojì Dūn)

北纬 21°53.0′，东经 108°32.7′。潮滩。位于钦州市钦南区。因滩的东南角凸起，墩上遍长铁线蕨，远望像发髻，故名。长 2.1 千米，面积约 1.68 平方千米，略呈长方形，表层为沙泥质，南北走向，北高南低，高潮时全部淹没，水深 3.2 米，干出高度 1.6 米，附近产青蟹、贝类等。

高墩 (Gāo Dūn)

北纬 21°53.4′，东经 108°32.4′。潮滩。位于钦州市钦南区。此滩比附近滩涂稍高，故名。长 2.5 千米，面积约 1.25 平方千米。呈长形，南北走向，北高南低，为沙泥质滩。高潮时全部淹没，干出高度 1.9 米，周围平均水深 0.2 米，长有莞草。附近海域产青蟹、贝类等。

大环囊滩 (Dàhuánnáng Tān)

北纬 21°53.4′，东经 108°31.9′。潮滩。位于钦州市钦南区。因滩中有个地方较低洼（本地语称"低洼"为"囊"），故名。为沙泥质滩，长 1.7 千米，面积约 1.5 平方千米。南北走向，西高东低，呈长形。高潮时全部淹没，水深 2.3 米，干出高度 2.4 米，产青蟹、贝类等。

搏捻滩 (Bóniǎn Tān)

北纬 21°52.8′，东经 108°30.7′。潮滩。位于钦州市钦南区。因附近群众过去在此明取渔民所捕的鱼（俚语为"搏捻"），故名。呈长形，长 3 千米，面积约 2.5 平方千米。沙泥质，干出高度 1.6 米，近海水深 0.3 米，产鲷鱼等。

竹冲墩 (Zhúchōng Dūn)

北纬 21°52.0′，东经 108°29.9′。潮滩。位于钦州市钦南区。因滩边一高墩上长有芦荻竹，故名。东西走向，呈凹字形，长 2.1 千米，面积约 3 平方千米。为沙泥质，高潮时全部淹没，水深 2.8 米，干出高度 2 米。产蟹、贝类等。

粗沙墩 (Cūshā Dūn)

北纬 21°49.9′，东经 108°29.2′。潮滩。位于防城港市防城区。因滩积沙很粗，故名。呈长圆形，东南—西北走向，长 1.1 千米，宽约 0.3 千米，面积约 0.33

平方千米。由泥涩、粗砂、石砾构成。干出高度 2 米，上长菅草、茜草及零星小红树。中部有干出礁 4 个，西南及东北面为干出泥滩，西北面水深 0.7～1.3 米。近海盛产青蟹、大蚝及石斑鱼、鲈鱼等。

茅墩沙 (Máodūn Shā)

北纬 21°49.7′，东经 108°29.8′。海滩。位于防城港市防城区。因靠近茅墩岛得名。呈长条状，南北长约 6 千米，东西平均宽约 1 千米，面积约 6 平方千米。由中、细砂组成，干出高度约 1.1 米，东面为茅岭江主航道。近海盛产青蟹、大蚝及鲚等鱼。

纸沙 (Zhǐ Shā)

北纬 21°49.3′，东经 108°30.4′。潮滩。位于钦州市钦南区。因滩面平坦如纸，含沙量较大，故名。南北走向，呈不规则三角形，长 1.7 千米，面积约 1.75 平方千米。表层由泥砂质构成，顶部较平。干出高度 1.9 米，近海水深 0.7 米，产牡蛎、对虾、青蟹等。

马鞍沙 (Mǎ'ān Shā)

北纬 21°49.2′，东经 108°30.8′。潮滩。位于钦州市龙门岛北 7.5 千米，龙门港西北侧。因滩靠近马鞍石，含沙量多，故名。呈椭圆形，南北走向，长 1.6 千米，宽 0.85 千米，面积约 1.36 平方千米。为砂质泥滩，干出高度 1.2 米，附近水深 0.3 米，产牡蛎、青蟹、对虾等。

四方沙 (Sìfāng Shā)

北纬 21°48.2′，东经 108°30.8′。海滩。位于防城港市防城区，钦州市龙门岛北面 5.5 千米。因呈四方形得名。长 1.6 千米，面积约 1.6 平方千米，茅岭江长期冲积形成。由黄白色细砂组成。高潮时全部淹没，干出高度 1.5 米。近海水深 1.9 米，产牡蛎、青蟹、对虾等。1949 年前曾有船只在此处沉没。

沙港坪 (Shāgǎng Píng)

北纬 21°45.8′，东经 108°31.8′。潮滩。位于钦州市钦南区。因滩近沙港村而得名。呈长形，自北向南延伸，长 1.6 千米，面积约 1.6 平方千米。为泥质滩，干出高度约 1.6 米，长有红树林，近海水深 2.6 米，常有船只过往。产泥虫、跳鱼。

红沙滩 (Hóngshā Tān)

北纬21°39.2′，东经108°33.9′。海滩。位于防城港市港口区光坡镇东14千米，钦州湾西侧。因近红沙村得名。由细砂和腐殖质构成，略呈灰白色。长方形，南北长约2.4千米，东西宽约1.6千米，面积约3.4平方千米，干出高度约1.1米。东面为龙门港航道，西面与光坡镇的红沙、栏冲两村连接。滩内盛产沙虫、沙螺等。

大沙顶 (Dà Shādǐng)

北纬21°37.0′，东经108°33.0′。海滩。位于防城港市港口区企沙镇东北6千米，钦州湾西侧。退潮时，露出一大片中间隆起的大沙滩，由此得名。长方形，东北—西南走向，长4.5千米，平均宽约2.5千米。由细砂和腐殖质构成，表层呈灰黑色。干出最高1.4米，最低0.3米。东临龙门港主航道西侧，水深0.3～0.7米，西与企沙镇牛路村连接。滩内产沙虫。

三口浪沙 (Sānkǒulàng Shā)

北纬21°35.7′，东经108°30.9′。海滩。位于防城港市港口区企沙镇东北约4.5千米，钦州湾西侧。涨潮时，航船至此如连续刮起三口大浪，船便被搁浅，故名。由细砂和腐殖质构成，表层呈灰黑色，长方形，东北—西南走向，长2千米，平均宽约1千米，面积约2平方千米。干出高度约2.2千米。东隔六墩（岛）与六墩沙尾连接，西与山新村相连，北与大沙顶相连，南面水深1.1米。

山新沥沙 (Shānxīnwàn Shā)

北纬21°35.3′，东经108°30.5′。海滩。位于防城港市港口区企沙镇东北约1千米，钦州湾西侧。因是山新村延伸出去的沙滩，故名。长方形，东北—西南走向，长3.5千米，平均宽约0.4千米，面积约14平方千米。由细砂和腐殖质构成，表层呈灰黑色。干出高度1.8～2米，北是山新村，连接处长有稀疏红树，西与沙耙墩的石堤相连，东与三口浪沙连接，南面水深0.9～1米。

三帝面前沙 (Sāndì Miànqián Shā)

北纬21°34.7′，东经108°23.4′。海滩。位于防城港市港口区企沙镇西北7千米，防城港暗埠口江东侧。因沙东面岸上有一座三帝庙而得名。南北走向，长约 4.5 千米，平均宽约 1 千米，面积约 4.5 平方千米。由细砂和腐殖质构成，表层呈淡黄色，像陀螺状。干出高度约 1 米，东与赤沙、炮台两村相连，西、南、北三面水深分别为 0.6 米、0.7 米、0.8 米。南距石龟头古炮台遗址约 500 米。

石井沟沙 (Shíjǐnggōu Shā)

北纬 21°39.6′，东经 108°24.3′。海滩。位于防城港市港口区。因沙旁有一条石井沟，故名。略呈梯形，东南—西北走向，最长 1.9 千米，最宽 0.8 千米，面积约 1.3 平方千米。由黄白色砂粒组成，干出高度为 1.6～1.9 米。附近水深 1.6 米，盛产石斑鱼、青蟹等。

大沙 (Dà Shā)

北纬 21°33.7′，东经 108°18.7′。海滩。位于防城港市防城区江山乡东南 7.5 千米，防城港内，系防城港主航道的"拦门沙"。因该沙面积较大而得名。形似皮靴，南北长约 5 千米，东西宽约 2 千米，面积约 10 平方千米。由粗、中砂组成，表层为细砂，呈淡黄色。干出南北高 1.1～1.3 米，中部高 0.1 米，东部边沿为万吨巨轮进出"防城港"的主航道。西与沙尾嘴连接，北靠江山乡潭西村。拦门沙是大型轮船通行的主要障碍，为了发展防城港航运，1976 年将拦门沙航道浚深到 8.5 米，3.5 万～5 万吨级货轮可直接进港。近海盛产石斑鱼、鲨、鲳等。

沙尾嘴 (Shāwěizuǐ)

北纬 21°32.2′，东经 108°18.2′。海滩。位于防城港市防城区江山乡东南 7.5 千米，防城港西侧。因大沙向西延伸的尾部而得名。近似曲尺形，从北曲向西，长约 4 千米，平均宽约 1 千米，面积约 4 平方千米。由粗、中砂组成，表层为细砂，呈淡黄色。干出高度约 1～1.4 米，东与大沙相接，南面水深 0.2～0.7 米。西、北两面分别与潭西村和白龙村相靠。近海盛产青蟹、海蜇、乌贼等。

吉溪红沙头 (Jíxī Hóng Shātóu)

北纬 21°35.2′，东经 108°14.3′。海滩。位于防城港市防城区江山乡西南 6 千米，珍珠港东北部。因该滩远望时略呈红色而得名。近似三角形，东北—西南走向，长 2.5 千米，平均宽约 0.8 千米，面积约 2 平方千米。由细砂和腐殖质组成，表层呈红黑色。东北面是生长大片红树林的泥滩，与新基村相连，西北与山脚江沙连接，滩内产沙虫、花蟹等。

山脚江沙 (Shānjiǎojiāng Shā)

北纬 21°36.2′，东经 108°14.3′。海滩。位于防城港市东兴市，防城区江山乡南 4.5 千米，珍珠港东北沿。因居山南岸而得名。近似三角形，东北—西南走向，长 2.5 千米，平均宽约 0.6 千米，面积约 1.5 平方千米。由细砂和腐殖质组成，表层呈灰黑色。干出高度约 0.5～1.5 米。东北为浓密的红树林，东南与红沙头相连，西北隔山脚江与石角坪为邻。滩内产沙虫、花蟹。

石角坪 (Shíjiǎo Píng)

北纬 21°36.7′，东经 108°13.6′。海滩。位于防城港市防城区江山乡西南 4.5 千米，珍珠港北沿石角村南。因靠近石角村得名。近三角形，东北—西南走向，长 2.5 千米，平均宽约 1.5 千米，面积约 2.2 千米。由细砂和腐殖质组成，北隔浓密红树林与石角村相连，西与鲍鱼（河豚）漫（沙）相接。干出高度 0.7～1.5 米，西南水深 0.1～0.9 米。产沙虫、花蟹。

鲍鱼沥沙 (Bàoyúwàn Shā)

北纬 21°36.3′，东经 108°12.7′。海滩。位于防城港市东兴市江平镇东 8 千米，珍珠港北沿。因该沙盛产鲍鱼（河豚）而得名。呈等边三角形，边长 1.5 千米，面积约 1.13 平方千米。由细砂和腐殖质组成，干出高度 1～1.5 米。东与石角坪（沙）连接，南隔海沟与鸡笠插（沙）相连，北为大片浓密红树林，连接交东村。近海盛产鲍鱼、黄鱼。

贵明滩 (Guìmíng Tān)

北纬 21°35.7′，东经 108°10.4′。潮滩。位于防城港市东兴市江平镇东偏北 4 千米，珍珠湾江平江口内贵明村北。因近贵明村，故名。呈长条形，西北—东南走向，长 1.25 千米，宽约 0.2 千米，面积约 0.25 平方千米。由粗砂、泥及砾石构成，上长茂密的红树林。干出高度约 3 米，附近水深 0.1 米。产鲹鱼、沙箭等鱼。

红螺割沙 (Hóngluógē Shā)

北纬 21°34.0′，东经 108°08.6′。海滩。位于防城港市东兴市江平镇东南 1.5

千米，珍珠港西侧。因渔民下海捕鱼或找寻海产品，走在沙上，常被红螺割破脚板而得名。似菱形，西北—东南走向，长约 3.5 千米，平均宽约 0.8 千米，面积约 2.2 平方千米。东面为大片茂密的红树林。盛产沙虫。

茜草尾沙 (Qiàncǎowěi Shā)

北纬 21°33.7′，东经 108°09.7′。海滩。位于防城港市东兴市江平镇东南 5 千米，珍珠港西部。因尾部（东南）丛生茜草而得名。近似弯形，西北—东南走向，长约 5 千米，平均宽约 0.7 千米，面积约 3.5 平方千米。由细砂和腐殖质组成，表层呈灰色。干出高度约 1 米。盛产沙虫。

大沟口沙 (Dàgōukǒu Shā)

北纬 21°33.4′，东经 108°10.4′。海滩。位于防城港市东兴市江平镇东南 5.5 千米，珍珠港西部。因在大沟的出口处而得名。近似长方形，西北—东南走向。长约 2.3 千米，平均宽约 0.45 千米，面积约 1 平方千米。由细砂和腐殖质组成，表层呈灰黄色。盛产沙虫。

大潭沙 (Dàtán Shā)

北纬 21°32.8′，东经 108°11.6′。海滩。位于防城港市东兴市江平镇东南 6.5 千米。因旁边有一个大水潭，故名。近长条形，西北—东南走向，长 3.3 千米，平均宽约 0.5 千米，面积约 1.6 平方千米。由细砂和腐殖质组成，表层呈灰色。干出高度约 1 米，东面水深 0.1～0.2 米。盛产沙虫。

大江边沙 (Dàjiāngbiān Shā)

北纬 21°30.6′，东经 108°07.2′。海滩。位于防城港市东兴市江平镇南 8.5 千米，珍珠港西侧。因在巫头直江东边而得名。近似三角形，北大南小。长 3.5 千米，最宽 1.5 千米，面积约 2.6 平方千米。由细砂和腐殖质组成，表层呈灰黄色，干出最高约 1.7 米。三面水深 0.2～1.4 米。中部有一个黑石群礁。盛产沙虫。

大沙滩 (Dà Shātān)

北纬 21°31.5′，东经 108°06.4′。海滩。位于防城港市东兴市。因在附近沙滩中面积最大而得名，因地处北仑河口东侧，故又名"东沙"。三角形，北大南小，南北长 7 千米，最宽 2.7 千米，面积约 9.5 平方千米。由细砂和腐殖质组成，表层呈灰色，东为巫头直江，水深 1.8 米，南为东兴港口，水深 1.3 米，西为榕树江和东兴港主航道，水深 0.3～1.2 米。北连巫头岛和榕树头大堤。中部有一个干出礁。盛产沙虫、沙螺、花蟹等，为江平镇海产品主要供应基地。

红沙头 (Hóngshā Tóu)

北纬 21°31.8′，东经 108°04.7′。海滩。位于防城港市东兴市松柏镇东 10.5 千米，东兴港中部。此滩高，远望略呈红色得名。三角形，南小北大，南北长 3.5 千米，最宽 1.2 千米，面积约 2.1 平方千米。由粗、中砂组成，表层红黄色细砂，干出高度 1～1.8 米。东为榕树头直江，水深 0.2 米，南接东兴港口，水深 0.3 米，西连软沙。盛产沙虫。

软沙 (Ruǎn Shā)

北纬 21°31.7′，东经 108°03.9′。海滩。位于防城港市东兴市松柏镇东南 7.4 千米，北仑河口内。因沙质较松软而得名。呈品字形，最长 1.6 千米，最宽 0.3 千米，面积约 0.5 平方千米。由黄白色细砂组成，干出高度约 2 米。西南面近中越界海域，附近盛产沙虫、螃蟹、贝类等。

第五章 半 岛

乌雷半岛 (Wūléi Bàndǎo)

北纬 21°37.1′—21°36.1′，东经 108°45.2′—108°43.8′。位于钦州市钦南区，三娘湾西岸。因近乌雷村而得名。

企沙半岛 (Qǐshā Bàndǎo)

北纬 21°37.3′—21°33.3′，东经 108°29.7′—108°23.3′。位于防城港市港口区，半岛呈东西走向，现已建设为防城港市企沙临港工业区。

江山半岛 (Jiāngshān Bàndǎo)

北纬 21°36.0′—21°30.0′，东经 108°19.4′—108°12.6′。位于防城港市防城港和珍珠港之间，因江山乡而得名，又称"白龙半岛"。呈剑状向北部湾延伸，是广西最大的半岛，面积 208 平方千米。防城港市著名旅游景区，沿岸分布潭蓬古运河、白沙湾、白浪滩、白龙珍珠港、月亮湾、白龙古炮台、怪石滩等旅游景点。

第六章 岬 角

冠头角 (Guàntóu Jiǎo)

北纬 21°27.0′，东经 109°02.6′。位于北海市西端。由冠头岭主峰向西往海延伸如角状，故名。东西走向，长 350 米，海拔 80 米。由砂岩构成，西麓为岩石陡岸，沿岸岩石滩，多怪石奇观，表层风化，遍植马尾松、木麻黄树。岬角雄峙北部湾畔，登岭可观看海涛的壮阔胜景，又是北海港航道的天然助航标志。附近已建成冠头岭国家森林公园。

天堂角 (Tiāntáng Jiǎo)

北纬 21°33.6′，东经 108°28.6′。位于防城港市港口区企沙镇南 2 千米，钦州湾口西侧。因靠近天堂角村得名。从西南向东北延伸入海约 400 米，平均宽约 200 米，面积约 0.08 平方千米。海拔 23 米，由页岩构成，表层为黄沙黏土，上长杂草、竹木，有少许耕地，周围为石质岩岸，东北尖端伸出一面积约 5 000 平方米干出礁，西侧紧靠天堂角村。该岬角是企沙港口的重要标志，设有灯桩。

马鞍山角 (Mǎ'ānshān Jiǎo)

北纬 21°33.0′，东经 108°26.1′。位于防城港市港口区企沙镇西南 5 千米，钦州湾与防城港之间。因山脊形似马鞍，故名。呈长三角形，从西北向东南延伸入海，西北大，东南小，长约 250 米，平均宽约 60 米，面积约 0.02 平方千米。海拔 24.7 米，由页岩构成，表层为黄沙黏土，上长稀疏木麻黄树和杂草，为石质岩岸，沿岸伸出大片干出礁。东为蝴蝶岭西沥，西为疏鲁沥，1939 年 11 月，日军于此登陆侵略我国。20 世纪 50 年代曾筑堡垒，建营房。

石龟头 (Shíguī Tóu)

北纬 21°33.3′，东经 108°23.6′。位于防城港市港口区企沙镇西南 8.4 千米，防城港口东侧炮台村。因像龟头伸入海中而得名。略呈三角形，向西南延伸入海，入海部分长约 200 米，面积约 0.03 平方千米。海拔约 9 米，由砂岩构成，表层为黄沙黏土，上长杂草和稀疏松树。该岬角位于防城港口东侧尖端，与对面的白龙半岛尖端形成从海上进入防城港的门户。清康熙五十六年（1717 年）曾建有炮台一座，现遗址犹存，属县级文物保护单位，在炮台角岭上建有灯塔。

白龙尾 (Báilóng Wěi)

北纬 21°30.0′，东经 108°13.1′。位于防城港市防城区江山乡南约 11 千米，防城港与珍珠港之间。因是白龙半岛尾部，故名。向西南延伸，呈三角形，长 77 米，为赤砂岩构成的沿海丘陵地带。岬角东临防城港，西濒珍珠港，沿岸有双墩渔港和 2 个珍珠养殖场。中部灯架岭有灯桩一座，尖端建有码头。此岬角和东面企沙半岛尖端的石龟头（岬角）形成从海上进入防城港市的门户。军事地位重要。清光绪十三年（1887 年）在尖端两侧建炮台四座，现保存完好，属县级文物保护单位。附近海域盛产珍珠、海参、海蜇、对虾等。

第七章　河　口

茅岭江口 (Máolǐngjiāng Kǒu)

北纬 21°50.5′，东经 108°28.5′。位于钦州市驻地西南 20 千米，钦州市康熙岭乡陈屋村和防城港市茅岭圩之间，东南出茅尾海。因是茅岭江出海河口，故名。

河口自西北向东南延伸，口宽约 918 米，茅岭江干流长 112 千米，流域面积 2 959 平方千米。年入海水量约 15.97 亿立方米，年输沙量约 31.86 万吨。低潮时一般水深 0.3～2 米，最大水深 3.3 米。河床为沙泥质，大部分为干出滩，盛长菅草和红树林。有大小岛礁 10 多个，主要分布在河口两侧，出海口水道狭窄，礁石密布，常发生触礁撞船事故。1975 年在附近礁石建航标灯桩，事故已减少。河口北端为钦州市和防城港市水陆交通要道，钦州—防城公路及南防铁路经此，茅岭江铁路大桥横跨两岸。茅岭渡口两岸码头可泊 200 吨级船舶，钦州市和防城港市锰矿产品多经此运往各地。渔业资源较丰富，盛产鲻、鲈、鲷等鱼类。由于上游多年水土流失严重，泥沙淤积，河床日益抬高，每遇暴雨，潮水顶托，泄洪能力差，两岸常受淹浸。

大风江口 (Dàfēngjiāng Kǒu)

北纬 21°37.4′，东经 108°53.2′。位于北海市合浦县驻地西南 33 千米，与钦州市分界处。因系大风江出海段，故名。

该河口南北走向，呈 S 形出海，口宽 4.45 千米，大风江干流长 158 千米，流域面积 1 927 平方千米，年均径流量 5.9 亿立方米，年输沙量 11.77 万吨。北部河床属泥质和岩石质，南部河床属泥砂质。沿岸长有红树林和水草。主航道水深 9.5～9.6 米，涨落潮流速 0.83 米/秒，低潮水深 4～6 米。有 15 千米长的天然稳定深槽，水域内产牡蛎、真鲷、蟹及贝类等。

南流江干流河口 (Nánliújiāng Gànliú Hékǒu)

北纬 21°37.0′，东经 109°01.5′。位于北海市合浦县沙岗镇南 6.8 千米。为南流江干流出海处，故名。

南流江古称合浦水、廉江、罗成江，是广西独流入海的最大河流。呈喇叭形，南北走向，口宽 1.6 千米，河流全长 287 千米，流域面积 9 439 平方千米，年均径流量 51.3 亿立方米，年均输沙量 118 万吨。为正规全日潮，河口区实测平均流速一般为 0.2～0.5 米/秒，实测最大落潮流速在 1 米/秒以上，最大涨潮流速不足 0.9 米/秒。

河口从总江口起分为三段：总江口至党江为河流近口段，河床物质粗，成分复杂，边滩不发育。党江至新田，木案沿岸为河流河口段，该段最大特点是河流分汊入海，主要有南干江、南西干江、南东干江和南州江四汊。尾闾呈扇形展布，河口心滩（河口坝）发育。河口海岸至 5 米等深线附近为口外海滨段，潮滩及水下岸坡平原发育，沉积物由岸向海呈带状分布为黏土、黏土质砂和中砂。河口区三角洲，地形平缓，大致以白沙江—下洋—尔亚桥—望州岭为界，以北为冲积平原，以南为现代河口三角洲；三角洲平原面积 150 平方千米，三角洲前缘（水下三角洲）面积 300 平方千米。

南流江口滩涂资源丰富，多围涂造地，主要有 6 个堤围：西场、沙岗、南域、更螺、百曲和乾江。堤围总面积为 316.8 平方千米，堤围总长度 179.6 千米，闸门 297 座，开发利用面积 109.8 平方千米。由于南流江带来大量泥沙在河口淤积，使河口区域洪水渲泄不畅，经常造成洪水灾害。为了治理水害，1958 年兴建了洪潮江水库，1965 年建成总江口桥闸，1966—1969 年、1973—1976 年合浦县又对南流江河口段 169 千米的河道堤围进行整治，经过部分河段截弯取直，新开河道 4.3 千米，并堤联围，加宽河道行洪断面，加高增厚干堤等工程，大大减轻了南流江口的洪水和风暴潮灾害。1984 年又在深江上建一座控制闸，以保证农田灌溉用水。河口滩涂区养殖业发展较快，主要养殖文蛤、牡蛎、青蟹、对虾和鲳鱼等。

北仑河口 (Běilúnhé Kǒu)

北纬 21°32.9′，东经 108°00.6′。位于中国防城港市东兴市与越南广宁省芒街市之间。因是北仑河的出海口，故名。

北仑河长 109 千米，流域面积 1 187 平方千米。中下游 60 千米为中国和越南两国的界河。年均径流量 29.4 亿立方米，年均输沙量 22.2 万吨。河口区纵长约 11 千米，宽 650 米，水域面积 66.5 平方千米。其中潮滩面积 37.4 平方千米，潮下带及浅海面积 29.1 平方千米。河口区为正规全日潮海域，平均潮差 2.04 米，最大潮差 4.64 米，最大落潮流速 0.74 米/秒，最大涨潮流速 0.58 米/秒。河口沉积物以沙类为主，泥质和砂质潮滩都很发育，并发育有河口坝和侵蚀深槽。

2000 年批准建立北仑河口国家级自然保护区，主要保护红树林生态系统，是国内沿岸连片红树林中最大的保护区。河口有红树林海岸 22.3 千米。河口滩涂宽阔，有利养殖业发展，部分滩涂已被围垦，其中江平第一围垦区总面积 8.93 平方千米，主要用于水稻种植和水产养殖。

海岛地理实体
HAIDAO DILI SHITI

第八章　群岛列岛

七十二泾 (Qīshí'èrjīng)

　　北纬 21°41.7′—21°47.9′，东经 108°33.1′—108°35.6′。位于钦州湾中部的龙门港湾内，因群岛构成 70 多条水道（一说岛与岛之间被 72 条弯弯曲曲的水道环绕），故名"七十二泾"，"泾"本义是指由北向南、由高向低流动的水。亦称"龙门七十二泾"。《中国海域地名志》（1989）、《广西海域地名志》（1992）、《中国海岛》（2000）等资料均称为七十二泾。由簕沟墩、仙人井大岭、松飞大岭等 100 个大小海岛组成，面积 6.505 6 平方千米。簕沟墩最大，面积 2.41 平方千米。松飞大岭最高，海拔 60.4 米。岛体多由粉砂岩和页岩构成，表层风化比较强烈，多长松树。七十二泾内分布着全国最大的连片红树林。属南亚热带季风气候区，高温多雨，干湿分明，冬无严寒，夏无酷暑。周围海域平均水深 3.5 米，有茅尾海、龙门港、簕沟港、旧洋江港等港湾，为天然避风锚地。主要航道有龙门港的东航道、西航道，另有龙门内港航道、龙门至茅岭江、龙门至钦江等多条航道。盛产青蟹、牡蛎、石斑鱼、对虾等，尤以青蟹、牡蛎著名。簕沟墩为有居民海岛，2011 年户籍人口 216 人，居民多从事渔业。岛上建有工业基地，水电、码头等基础设施较为完备。岛周围有养殖场。

第九章 海 岛

涠洲岛 (Wéizhōu Dǎo)

北纬 21°02.4′，东经 109°06.6′。位于北海市海城区海域，距大陆最近点 36.85 千米。因海岛四面八方被海水环绕，故名。涠洲初名"围洲"，首见于晋，明朝始有今称。也称"大蓬莱""涠洲墩""马渡"等。岛四周烟波浩渺，岛上植被茂密，风光秀美，尤以奇特的海蚀、海积地貌，火山熔岩及绚丽多姿的活珊瑚为最，又名"蓬莱岛"。《中国海域地名志》（1989）、《广西海域地名志》（1992）、《广西海岛志》（1996）均记为涠洲岛。基岩岛，也是中国最大、地质年龄最年轻的火山岛。南北长约 6 千米，东西最宽约 5 千米，面积 24.819 1 平方千米，岸线长 22.57 千米，最高点海拔 79 米。属亚热带季风性气候，夏无酷暑，冬无严寒。盛产花生、香蕉等农作物，特产水果有木菠萝、芭蕉等。海特产有墨鱼、石斑鱼、红鱼等及海龟、海马、海豚。

有居民海岛，2011 年户籍人口 16 356 人。主要产业是滨海休闲旅游度假、农林牧业和工业。该岛是火山喷发形成的，火山灰堆积和珊瑚沉积融为一体，使岛南部的高峻险奇与北部的开阔平缓形成鲜明对比，正在建设以循环经济为主导的生态型国际休闲度假海岛。岛上建有村落、集市和大量"农家乐"、酒店等建筑，还有原国土资源部批复的国家地质公园、国家海洋局批复的国家级珊瑚礁海洋公园和广西壮族自治区人民政府批复的自治区级鸟类自然保护区。旅游景点有鳄鱼山旅游风景区、五彩滩、竹蔗寮潜水区、三婆庙、圣母堂、天主教堂等，岛湾背山坡顶巅建有红色旅游景点——革命烈士纪念碑等。主要工业有中国海洋石油总公司（简称"中海油"）的油气终端处理厂、小型发电厂及自来水厂等。有气象观测场、验潮站、X 波段雷达、GPS 站、国家气象局建立的气象观测场等，以及国家海事局建立的灯塔等公共服务设施。岛上用电为中海油涠洲终端处理厂发电，有一水库，建有自来水厂。有环岛公路连通各景点和村落，岛南、北各建有两处码头。

猪仔岭 (Zhūzǎi Lǐng)

北纬 21°01.2′，东经 109°06.6′。位于北海市海城区涠洲镇海域，涠洲岛南湾的中心部位，距大陆最近点 42.6 千米。因海岛形状似猪仔，故名。《中国海域地名志》（1989）、《广西海域地名志》（1992）、《广西海岛志》（1996）均记为猪仔岭。基岩岛。岸线长 239 米，面积 3 830 平方米，最高点海拔 27.6 米。有乱石堆成的小路通往岛上，涨潮时小路被海水淹没。岛上长有草丛和灌木。该岛是船舶进出涠洲南湾港的天然助航标志，也是涠洲岛景点的重要组成部分。

斜阳岛 (Xiéyáng Dǎo)

北纬 20°54.7′，东经 109°12.6′。位于北海市海城区涠洲镇海域，距大陆最近点 53.8 千米。古名称"小蓬莱"，是以涠洲岛名"大蓬莱"相对而言之，因岛缘山岭形如走蛇和蹲羊，原称"蛇羊""蛇洋"后因谐音而有今称。其名又有一说，因从涠洲岛上可观太阳斜照此岛全景，又因该岛横亘于涠洲岛东南面，南面为阳，故名"斜阳岛"。《中国海域地名志》（1989）、《广西海域地名志》（1992）、《广西海岛志》（1996）均记为斜阳岛。基岩岛。岛体呈东西长、南北窄的长条形，岸线长 5.95 千米，面积 1.805 5 平方千米，最高点海拔 104.4 米。岛中部是一个大的火山口，周围高起。外围海岸多陡峭海蚀崖，高 30～60 米不等。海蚀崖下是光滑平坦的海蚀平台，宽 20～40 米，断断续续地绕岛一周，最长的一段海蚀平台长 200 米。岩性和南湾一样都是产状水平或缓倾斜的灰质砂岩或火山碎屑岩。气候湿润温暖，植物富有亚热带或热带风格，植被丰富，以马尾松、台湾相思树为主。附近海域鱼类繁多。

有居民海岛，2011 年户籍人口约 300 人。岛四周多是陡峭的悬崖，东、北、西方向有小道可上岛。因该岛与大陆及涠洲岛间没有固定航班，岛上人员来往主要靠自有渔船，交通不便。岛南边有一简易码头，有大道直达岛中部村庄。岛上用电主要由村民用发电机自主发电，每天晚上 6—8 点供电。用水为开采的地下水。建有广西壮族自治区人民政府批复的自治区级鸟类自然保护区。

三角屋墩岛 （Sānjiǎowūdūn Dǎo）

北纬 21°45.5′，东经 109°35.7′。位于北海市合浦县公馆镇海域，距大陆最近点 450 米。因海岛呈三角形，并且类似于当地居民的屋顶，第二次全国海域地名普查时命今名。沙泥岛。岸线长 844 米，面积 0.040 5 平方千米，最高点海拔 17 米。长有草丛和灌木。岛上建有虾塘。有简易房屋，为附近居民在岛上养殖时暂住居所。

东连岛 （Dōnglián Dǎo）

北纬 21°45.3′，东经 108°55.1′。位于北海市合浦县西场镇海域，距大陆最近点 80 米。因该岛与西侧一个岛以堤相连，该岛位置居东，第二次全国海域地名普查时命名为"东连岛"。基岩岛。岸线长 228 米，面积 3 400 平方米，最高点海拔 15.5 米。岛上建有虾塘。

西连岛 （Xīlián Dǎo）

北纬 21°45.3′，东经 108°55.0′。位于北海市合浦县西场镇海域，距大陆最近点 140 米。因该岛与东侧一个岛以堤相连，该岛位置居西，第二次全国海域地名普查时命名为"西连岛"。基岩岛。岸线长 427 米，面积 6 536 平方米，最高点海拔 17.1 米。岛周围建有虾塘。

高墩 （Gāo Dūn）

北纬 21°44.8′，东经 109°35.7′。位于北海市合浦县公馆镇海域，距大陆最近点 80 米。因海岛地势较高而得名。《中国海域地名志》（1989）、《广西海域地名志》（1992）、《广西海岛志》（1996）均记为高墩。沙泥岛。岸线长 1.25 千米，面积 0.048 4 平方千米，最高点海拔 21.1 米。长有草丛和灌木。岛东侧内湾开挖成虾塘。

细茅山 （Xìmáo Shān）

北纬 21°44.7′，东经 109°35.7′。位于北海市合浦县公馆镇海域，距大陆最近点 260 米。因岛形细长且长满细小茅草而得名。《中国海域地名志》（1989）、《广西海域地名志》（1992）、《广西海岛志》（1996）均记为细茅山。沙泥岛。岸线长 389 米，面积 6 444 平方米，最高点海拔 11 米。长有草丛和灌木。岛周围建有虾塘。

辣椒墩 (Làjiāo Dūn)

北纬 21°44.7′，东经 108°53.2′。位于北海市合浦县西场镇海域，距大陆最近点 150 米。因岛形似辣椒而得名。《中国海域地名志》（1989）、《广西海岛志》（1996）均记为辣椒墩。基岩岛。岸线长 1.11 千米，面积 0.028 平方千米，最高点海拔 6.4 米。

中立岛 (Zhōnglì Dǎo)

北纬 21°44.7′，东经 108°53.4′。位于北海市合浦县西场镇海域，距大陆最近点 240 米。因海岛位于钦州、北海两市交界处，故名。基岩岛。岸线长 409 米，面积 9 857 平方米。岛上植被茂盛，种有人工林。

垃圾墩 (Lājī Dūn)

北纬 21°44.6′，东经 108°53.5′。位于北海市合浦县西场镇海域，距大陆最近点 220 米。因以前渔民路过时常会将一些死鱼等垃圾丢弃于此，故名。《中国海域地名志》（1989）、《广西海岛志》（1996）记为垃圾墩。基岩岛。岸线长 180 米，面积 2 402 平方米。

沙虫墩岛 (Shāchóngdūn Dǎo)

北纬 21°44.5′，东经 109°35.7′。位于北海市合浦县公馆镇海域，距大陆最近点 620 米。因岛形似沙虫，第二次全国海域地名普查时命今名。沙泥岛。岸线长 342 米，面积 6 973 平方米，最高点海拔 13 米。

中间草墩 (Zhōngjiāncǎo Dūn)

北纬 21°44.5′，东经 109°35.0′。位于北海市合浦县公馆镇海域，距大陆最近点 40 米。因海岛位于上草墩、下草墩之间，故名。沙泥岛。岸线长 86 米，面积 130 平方米，最高点海拔 4.1 米。岛上有简易房屋，建有虾塘。

石马坡 (Shímǎpō)

北纬 21°44.4′，东经 109°35.0′。位于北海市合浦县公馆镇海域，距大陆最近点 370 米。因海岛上部有块石头形似石马，故名。沙泥岛。岸线长 857 米，面积 0.038 平方千米，最高点海拔 4.1 米。岛四周被围成养殖塘。

上红沙墩 (Shànghóngshā Dūn)

北纬 21°44.3′，东经 109°35.5′。位于北海市合浦县公馆镇海域，距大陆最近点 630 米。因海岛表层为红沙泥，又处于红沙墩北方，当地以北为上，故名。《中国海域地名志》（1989）、《广西海域地名志》（1992）、《广西海岛志》（1996）均记为上红沙墩。沙泥岛。岸线长 799 米，面积 0.026 8 平方千米，最高点海拔 16 米。

观海台岛 (Guānhǎitái Dǎo)

北纬 21°44.1′，东经 109°35.2′。位于北海市合浦县公馆镇海域，距大陆最近点 830 米。因该岛附近海域无其他海岛，观海视野较好，第二次全国海域地名普查时命今名。沙泥岛。岸线长 134 米，面积 1 126 平方米，最高点海拔 11 米。长有草丛和灌木。

颈岛 (Jǐng Dǎo)

北纬 21°44.1′，东经 109°35.6′。位于北海市合浦县公馆镇海域，距大陆最近点 310 米。因海岛形似人的脖颈，故名。《中国海域地名志》（1989）、《广西海岛志》（1996）均记为颈岛。沙泥岛。岸线长 85 米，面积 520 平方米，最高点海拔 6 米。长有草丛和灌木。岛东南侧建有养殖塘。岛上有电线杆拉电设备。

北海火烧墩 (Běihǎi Huǒshāo Dūn)

北纬 21°43.7′，东经 109°35.3′。位于北海市合浦县白沙镇海域，距大陆最近点 160 米。因原来有场大火烧过此岛，且位于北海市，故名。沙泥岛。岸线长 234 米，面积 4 107 平方米，最高点海拔 8.3 米。岛上有一废弃养殖塘和一间废弃房屋。有电线杆拉电设备，供海岛附近村民使用。

汤圆墩岛 (Tāngyuándūn Dǎo)

北纬 21°43.7′，东经 109°35.1′。位于北海市合浦县白沙镇海域，距大陆最近点 440 米。因海岛俯视形似汤圆，第二次全国海域地名普查时命今名。沙泥岛。岸线长 157 米，面积 1 804 平方米，最高点海拔 4 米。

小孤坪岛 (Xiǎogūpíng Dǎo)

北纬 21°43.6′，东经 109°35.1′。位于北海市合浦县白沙镇海域，距大陆最近点 350 米。因岛体较小，独自位于海中，第二次全国海域地名普查时命今名。沙泥岛。岸线长 176 米，面积 1 711 平方米，最高点海拔 7 米。

大岭 (Dà Lǐng)

北纬 21°43.6′，东经 109°35.2′。位于北海市合浦县白沙镇海域，距大陆最近点 110 米。因海岛高大，形似山岭，故名。《中国海域地名志》（1989）、《广西海域地名志》（1992）、《广西海岛志》（1996）均记为大岭。沙泥岛。岸线长 420 米，面积 9 996 平方米，最高点海拔 9.9 米。岛上有简易房屋。有一条大路与大陆相连。周围全被开挖成人工养殖塘。

马尾岛 (Mǎwěi Dǎo)

北纬 21°43.5′，东经 109°34.9′。位于北海市合浦县白沙镇海域，距大陆最近点 110 米。因海岛呈长形，形似马尾，第二次全国海域地名普查时命今名。沙泥岛。岸线长 98 米，面积 597 平方米，最高点海拔 6.8 米。

捞离墩 (Lāolí Dūn)

北纬 21°43.4′，东经 108°51.2′。位于北海市合浦县西场镇海域，距大陆最近点 860 米。因岛体形似捞离（实为漏勺，当地惯称），故名。《中国海域地名志》（1989）、《广西海岛志》（1996）记为捞离墩。基岩岛。岸线长 809 米，面积 0.027 3 平方千米，最高点海拔 13 米。岛上植被茂盛，种有人工林。建有简易房屋。

盘鸡岭 (Pánjī Lǐng)

北纬 21°43.1′，东经 108°51.2′。位于北海市合浦县西场镇海域，距大陆最近点 800 米。盘鸡岭为当地群众惯称。因岛形似一只卧着的鸡而得名。基岩岛。岸线长 1.37 千米，面积 0.066 8 平方千米，最高点海拔 18 米。

大鸡墩 (Dàjī Dūn)

北纬 21°42.8′，东经 108°51.5′。位于北海市合浦县西场镇海域，距大陆最近点 840 米。因岛形似大公鸡，故名。《中国海域地名志》（1989）、《广西海域地名志》（1992）、《广西海岛志》（1996）均记为大鸡墩。沙泥岛。岸线长 211 米，面积 1 838 平方米。有一条路从大陆通往该岛。岛上有简易房屋。

龟头 (Guītóu)

北纬 21°42.8′，东经 108°51.2′。位于北海市合浦县西场镇海域，距大陆最近点 840 米。因海岛形似乌龟头而得名。《中国海域地名志》（1989）、《广西海岛志》（1996）均记为龟头。基岩岛。岸线长 1.68 千米，面积 0.164 4 平方千米，最高点海拔 18.8 米。岛上植被茂盛，种有人工林。建有简易房屋。

龙眼墩 (Lóngyǎn Dūn)

北纬 21°41.7′，东经 109°31.4′。位于北海市合浦县公馆镇海域，距大陆最近点 940 米。因海岛较圆，形似龙眼而得名。又名龙眼墩岛。《中国海域地名志》（1989）、《广西海域地名志》（1992）记为龙眼墩，《广西海岛志》（1996）记为龙眼墩岛。基岩岛。岸线长 588 米，面积 0.023 2 平方千米。岛上有简易房屋，建有虾塘。

勺马岭 (Sháomǎ Lǐng)

北纬 21°41.6′，东经 109°33.4′。位于北海市合浦县白沙镇海域，距大陆最近点 150 米。因海岛形似一个小勺，原来岛形像马，故名。沙泥岛。岸线长 789 米，面积 0.046 1 平方千米，最高点海拔 7.2 米。长有草丛和灌木。岛上有电线杆拉电设备，架空电缆大陆引电。

鹅掌墩 (Ézhǎng Dūn)

北纬 21°40.9′，东经 109°33.8′。位于北海市合浦县闸口镇海域，距大陆最近点 750 米。因海岛形似鹅掌而得名。沙泥岛。岸线长 1.3 千米，面积 0.032 2 平方千米，最高点海拔 5.7 米。长有草丛和灌木。岛上建有简易屋棚，有电线杆拉电设备，架空电缆大陆引电。四周建有虾塘。

小草棚岛 (Xiǎocǎopéng Dǎo)

北纬 21°40.4′，东经 109°06.7′。位于北海市合浦县沙岗镇海域，距大陆最近点 70 米。因海岛植被茂盛，面积小，形似草棚，第二次全国海域地名普查时命今名。沙泥岛。岸线长 79 米，面积 278 平方米，最高点海拔 3.9 米。长有草丛。

东林屋坪 (Dōnglínwū Píng)

北纬 21°40.3′，东经 109°05.9′。位于北海市合浦县党江镇海域，距大陆最近点 240 米。因历史上林屋村北面有三个岛，按从东到西排序，此为最东边的岛，故名。沙泥岛。岸线长 398 米，面积 9 272 平方米，最高点海拔 2 米。岛上长有草丛和灌木。

北老屋地岛 (Běilǎowūdì Dǎo)

北纬 21°40.0′，东经 109°05.0′。位于北海市合浦县沙岗镇海域，距大陆最近点 80 米。曾名老屋地一。原为老屋宅子地，后因开建航道，分为三块，按从北到南顺序，此岛位于最北边，故名。沙泥岛。岸线长 156 米，面积 1 096 平方米，最高点海拔 2.8 米。长有草丛和灌木。

南老屋地岛 (Nánlǎowūdì Dǎo)

北纬 21°40.0′，东经 109°05.0′。位于北海市合浦县沙岗镇海域，距大陆最近点 90 米。曾名老屋地三。原为老屋宅子地，后因开建航道，分为三块，按从北到南排序，此岛位于南端，故名。沙泥岛。岸线长 143 米，面积 1 392 平方米，最高点海拔 3.3 米。长有草丛和灌木。

花轿铺 (Huājiàopù)

北纬 21°39.9′，东经 109°05.0′。位于北海市合浦县沙岗镇海域，距大陆最近点 100 米。因位于花轿铺村东北边，故名。沙泥岛。岸线长 610 米，面积 0.011 2 平方千米，最高点海拔 2.9 米。

禾虫坪 (Héchóng Píng)

北纬 21°39.6′，东经 109°04.8′。位于北海市合浦县沙岗镇海域，距大陆最近点 190 米。因位于禾虫墩村南边，故名。沙泥岛。岸线长 528 米，面积 9 265 平方米，最高点海拔 3.5 米。长有草丛和灌木。

南域围 (Nányùwéi)

北纬 21°39.5′，东经 109°06.8′。位于北海市合浦县党江镇海域，距大陆最近点 80 米。因岛上有一个村庄名为南域村，故名。沙泥岛。岸线长 3.02 千米，面积 16.399 7 平方千米，最高点海拔 6.8 米。有居民海岛。岛上有 4 个村公所，2011 年户籍人口 8 673 人。建有大量民房和基本生活设施。有水泥路连通各村落。岛上有人工林和农田，开挖大量养殖塘，发展渔业。有电线杆拉电设备，架空电缆大陆引电，饮用水为地下水。

大北域墩岛 (Dàběiyùdūn Dǎo)

北纬 21°39.5′，东经 109°04.3′。位于北海市合浦县沙岗镇海域，距大陆最近点 90 米。原北域村旧址现为两个海岛，此为靠北且面积较大的海岛，故名。沙泥岛。岸线长 706 米，面积 0.022 4 平方千米，最高点海拔 3 米。长有草丛和灌木。岛北面有一可拆卸浮桥与陆地相连，有一条小路从岛北面通到南面的简易渡口。

小北域墩岛 (Xiǎoběiyùdūn Dǎo)

北纬 21°39.4′，东经 109°04.2′。位于北海市合浦县沙岗镇海域，距大陆最近点 170 米。原北域村旧址现为两个海岛，此为面积较小的海岛，故名。沙泥岛。岸线长 204 米，面积 2 363 平方米，最高点海拔 2.8 米。长有草丛和灌木。

北海涌 (Běihǎiyǒng)

北纬 21°39.3′，东经 109°06.4′。位于北海市合浦县党江镇海域，距大陆最近点 220 米。该岛位于支流交汇处，涨潮时海水涌上岛，故名。沙泥岛。岸线长 1.71 千米，面积 0.057 1 平方千米，最高点海拔 4.5 米。周围村民在岛上开垦土地种植农作物。

砖窑 (Zhuānyáo)

北纬 21°39.2′，东经 109°06.6′。位于北海市合浦县党江镇海域，距大陆最近点 140 米。岛上曾有烧砖窑，故名。沙泥岛。岸线长 1.16 千米，面积 0.079 2 平方千米，最高点海拔 6.9 米。岛上建有虾塘，附近有数间渔业用房，为居民在岛上养殖时暂住。有电线杆拉电设备，架空电缆大陆引电。

小砖窑岛 (Xiǎozhuānyáo Dǎo)

北纬 21°39.2′，东经 109°06.7′。位于北海市合浦县党江镇海域，距大陆最近点 60 米。该岛与砖窑隔海相望，面积相对较小，第二次全国海域地名普查时命今名。沙泥岛。岸线长 464 米，面积 0.011 8 平方千米，最高点海拔 3.5 米。

罗庞墩 (Luópáng Dūn)

北纬 21°39.2′，东经 109°04.1′。位于北海市合浦县沙岗镇海域，距大陆最近点 190 米。因海岛位于罗庞村西侧，故名。沙泥岛。岸线长 2.77 千米，面积 0.135 1 平方千米，最高点海拔 4.9 米。岛上建有养鸡棚舍和一间民用小屋。有电线杆、高压电杆为两岸居民供电使用。

小平墩岛 (Xiǎopíngdūn Dǎo)

北纬 21°39.1′，东经 109°05.9′。位于北海市合浦县党江镇海域，距大陆最近点 1.14 千米。因海岛地势较为平坦，且面积较小，第二次全国海域地名普查时命今名。沙泥岛。岸线长 1.05 千米，面积 0.041 4 平方千米，最高点海拔 2.7 米。

下庞墩 (Xiàpáng Dūn)

北纬 21°38.6′，东经 109°04.2′。位于北海市合浦县党江镇海域，距大陆最近点 420 米。因位于罗庞墩南面，以南为下，故名。沙泥岛。岸线长 317 米，面积 6 126 平方米，最高点海拔 2.4 米。

西江头 (Xījiāngtóu)

北纬 21°38.5′，东经 109°04.1′。位于北海市合浦县沙岗镇海域，距大陆最近点 190 米。因位于西江村东面，故名。沙泥岛。岸线长 1.22 千米，面积 0.035 1 平方千米，最高点海拔 3.7 米。岛上建有牛棚数座，部分土地被开垦为庄稼地。有电线杆拉电设备，架空电缆大陆引电。

榕木头 (Róngmùtóu)

北纬 21°38.2′，东经 109°05.5′。位于北海市合浦县党江镇海域，距大陆最近点 1.68 千米。因该岛位于榕木头村附近，故名。沙泥岛。岸线长 1.13 千米，面积 0.035 7 平方千米，最高点海拔 3.5 米。长有草丛和灌木。

洪潮墩 (Hóngcháo Dūn)

北纬 21°38.1′，东经 109°03.8′。位于北海市合浦县沙岗镇海域，距大陆最近点 70 米。因大潮时可淹没该岛大部分面积，故名。沙泥岛。岸线长 729 米，面积 0.033 7 平方千米，最高点海拔 3 米。长有草丛和灌木。岛西面建有虾塘，有简易房屋。

红角 (Hóngjiǎo)

北纬 21°38.1′，东经 109°04.1′。位于北海市合浦县党江镇海域，距大陆最近点 620 米。因位于南流江一支流拐角处，岛上植物茂盛，且多为红色，故名。沙泥岛。岸线长 622 米，面积 4 933 平方米，最高点海拔 3.2 米。

东红角岛 (Dōnghóngjiǎo Dǎo)

北纬 21°38.0′，东经 109°04.5′。位于北海市合浦县党江镇海域，距大陆最近点 1.23 千米。因位于红角（岛）东面，第二次全国海域地名普查时命今名。沙泥岛。岸线长 855.2 米，面积 0.013 2 平方千米，最高点海拔 3.3 米。长有草丛和灌木。岛上有养殖塘，现已废弃。

小圆墩岛 (Xiǎoyuándūn Dǎo)

北纬 21°37.9′，东经 109°04.5′。位于北海市合浦县党江镇海域，距大陆最近点 1.27 千米。因岛体较小近似圆形，第二次全国海域地名普查时命今名。沙泥岛。岸线长 264 米，面积 3 034 平方米，最高点海拔 2.8 米。长有草丛和灌木。

长林墩岛 (Chánglíndūn Dǎo)

北纬 21°37.6′，东经 109°04.3′。位于北海市合浦县党江镇海域，距大陆最近点 440 米。因岛上生长红树林，呈长条形分布，第二次全国海域地名普查时命今名。沙泥岛。岸线长 739 米，面积 0.031 0 平方千米，最高点海拔 3 米。长有草丛和灌木。

七星岛 (Qīxīng Dǎo)

北纬 21°37.2′，东经 109°02.9′。位于北海市合浦县沙岗镇海域，距大陆最近点 250 米。因位于七星江中，故名。《中国海域地名志》(1989)、《广西海域地名志》(1992)、《广西海岛志》(1996) 均记为"七星岛"。沙泥岛。岸线长 11.2 千米，面积 3.128 8 平方千米，最高点海拔 8.1 米。有居民海岛。岛上有一村落，2011 年户籍人口 1 804 人。岛上修建大量虾、鱼塘，发展渔业，有各种农作物。修有公路，西侧有一简易码头。岛上供电由大陆（沙岗镇）接入，饮用水为村民自主打井抽取地下水。

船头墩岛 (Chuántóudūn Dǎo)

北纬 21°36.9′，东经 109°04.4′。位于北海市合浦县党江镇海域，距大陆最近点 1.64 千米。因岛形似尖尖的船头，第二次全国海域地名普查时命今名。沙泥岛。岸线长 3.98 千米，面积 0.300 9 平方千米，最高点海拔 2.5 米。长有草丛和灌木。

独墩头 (Dúdūntóu)

北纬 21°36.2′，东经 109°06.4′。位于北海市合浦县党江镇海域，距大陆最近点 50 米。因岛四周海水环流，独露一个墩头，故名。《中国海域地名志》（1989）、《广西海岛志》（1996）均记为独墩头。沙泥岛。岸线长 1.33 千米，面积 0.085 6 平方千米，最高点海拔 3.8 米。岛上开挖对虾养殖塘。虾塘附近建有数间渔业用房，为附近居民在岛上养殖时暂住。有电线杆拉电设备，架空电缆大陆引电。

更楼围 (Gènglóuwéi)

北纬 21°35.4′，东经 109°05.4′。位于北海市合浦县党江镇海域，距大陆最近点 70 米。该岛被更楼围海堤包围，故名。基岩岛。岸线长 25.14 千米，面积 21.876 7 平方千米，最高点海拔 6.8 米。有居民海岛。岛上分布多个自然村，2011 年户籍人口 17 608 人。建有大量民房，其中一个村落有一小学。通过党江大桥和大陆相连，有公路连通各个村落。岛上种植人工林，开挖大量养殖塘，发展渔业。有电线杆拉电设备，架空电缆大陆引电，饮用水为村民自主打井抽取地下水。

观音墩 (Guānyīn Dūn)

北纬 21°34.6′，东经 109°08.3′。位于北海市合浦县党江镇海域，距大陆最近点 880 米。传说有观音在该岛上，故名。《中国海域地名志》（1989）、《广西海岛志》（1996）记为观音墩。沙泥岛。岸线长 169 米，面积 1 136 平方米，最高点海拔 6.5 米。岛上建有两处民宅，有一处小型观音庙。建有一处养殖塘。有电线杆拉电设备，架空电缆大陆引电，用水为自打井水。

杨树山角墩 (Yángshùshānjiǎo Dūn)

北纬 21°44.4′，东经 108°29.1′。位于防城港市港口区公车镇海域，距大陆最近点 50 米。《中国海域地名志》（1989）、《广西海域地名志》（1992）、《广西海岛志》（1996）均记为杨树山角墩。基岩岛。岸线长 178 米，面积 2 247 平方米，最高点海拔 20 米。有简易住房两处。有电线杆拉电设备，架空电缆大陆引电。岛周围建有虾塘。

黄猄墩 (Huángjīng Dūn)

北纬 21°44.4′，东经 108°29.3′。位于防城港市港口区公车镇海域，距大陆最近点 10 米。当地相传以前此岛常有黄猄出没，故名。《中国海域地名志》（1989）、《广西海域地名志》（1992）、《广西海岛志》（1996）均记为黄猄墩。基岩岛。岸线长 699 米，面积 0.024 2 平方千米，最高点海拔 8 米。岛上植被茂盛，种有人工林。建有简易房屋。有电线杆拉电设备，架空电缆大陆引电。周围建有虾塘。

蟾蜍墩 (Chánchú Dūn)

北纬 21°44.2′，东经 108°29.2′。位于防城港市港口区公车镇海域，距大陆最近点 50 米。曾名糯米饭墩。又名蟾蜍墩岛。因岛形似蟾蜍而得名。《中国海域地名志》（1989）、《广西海域地名志》（1992）记为蟾蜍墩，《广西海岛志》（1996）记为蟾蜍墩岛。基岩岛。岸线长 309 米，面积 5 983 平方米，最高点海拔 15 米。岛周围建有虾塘，虾塘边上有简易房屋。有电线杆拉电设备，架空电缆大陆引电。

江口墩 (Jiāngkǒu Dūn)

北纬 21°43.9′，东经 108°29.7′。位于防城港市港口区公车镇海域，距大陆最近点 40 米。因位于白沙江口，故名。基岩岛。岸线长 830 米，面积 0.033 3 平方千米，最高点海拔 15 米。周围有虾塘，岛上建有简易住房。有电线杆拉电设备，架空电缆大陆引电。

网鳌墩 (wǎng'áo Dūn)

北纬 21°43.8′，东经 108°30.0′。位于防城港市港口区光坡镇海域，距大陆最近点 50 米。因渔民常在该岛鳌桩塞网（当地人的一种捕鱼方法）而得名。《中国海域地名志》（1989）、《广西海岛志》（1996）均记为网鳌墩。基岩岛。岸线长 162 米，面积 1 718 平方米，最高点海拔 8 米。岛上长有灌木，种有人工林。岛周围建有虾塘，虾塘附近有简易住房。有电线杆拉电设备，架空电缆大陆引电。

鲁古墩 (Lǔgǔ Dūn)

北纬 21°43.8′，东经 108°30.0′。位于防城港市港口区光坡镇海域，距大陆最近点 190 米。因岛周围生长鲁古树，故名。《中国海域地名志》（1989）、《广西海域地名志》（1992）、《广西海岛志》（1996）均记为鲁古墩。基岩岛。岸线长 330 米，面积 5 852 平方米，最高点海拔 8 米。周围有虾塘，岛上有简易住房。有电线杆拉电设备，架空电缆大陆引电。

猫刀墩 (Māodāo Dūn)

北纬 21°43.7′，东经 109°30.0′。位于防城港市港口区光坡镇海域，距大陆最近点 200 米。因岛形似猫蹲伏着，一侧又像弯刀，当地群众惯称猫刀墩。《中国海域地名志》（1989）、《广西海岛志》（1996）均记为猫刀墩。基岩岛。岸线长 99 米，面积 759 平方米，最高点海拔 3.4 米。周围建有虾塘，虾塘附近有简易住房。岛上有电线杆拉电设备，架空电缆大陆引电。

黄竹沥岭 (Huángzhúwàn Lǐng)

北纬 21°43.6′，东经 108°32.2′。位于防城港市港口区光坡镇海域，距大陆最近点 540 米。因该岛有一个湾（沥），湾对面为黄竹墩，故名。《中国海域地名志》（1989）、《广西海域地名志》（1992）、《广西海岛志》（1996）均记为黄竹沥岭。基岩岛。岸线长 655 米，面积 0.019 4 平方千米，最高点海拔 48 米。周围建有虾塘，虾塘附近有简易住房。有电线杆拉电设备，架空电缆大陆引电。周围海域有网箱养殖。

蝴蝶采花墩 (Húdiécǎihuā Dūn)

北纬 21°43.6′，东经 108°32.0′。位于防城港市港口区光坡镇海域，距大陆最近点 370 米。因岛上常有蝴蝶采花，故名。《中国海域地名志》（1989）、《广西海岛志》（1996）均记为蝴蝶采花墩。基岩岛。岸线长 120 米，面积 1 061 平方米，最高点海拔 3 米。长有草丛、灌木。

细包针岭 (Xìbāozhēn Lǐng)

北纬 21°43.5′，东经 108°32.6′。位于防城港市港口区光坡镇海域，距大陆最近点 750 米。因该岛附近盛产包针（一种鳝鱼的俗称），面积比大包针岭小，故名。《中国海域地名志》（1989）、《广西海域地名志》（1992）、《广西海岛志》（1996）均记为细包针岭。基岩岛。岸线长447米，面积0.0145平方千米，最高点海拔22米。周围建有虾塘，虾塘附近有简易平房。有自主发电设备，供虾塘养虾使用。

老虎头墩 (Lǎohǔtóu Dūn)

北纬21°43.5′，东经108°30.3′。位于防城港市港口区光坡镇海域，距大陆最近点420米。因该岛位于老虎头岭西面，且岛体较小，故名。《广西海岛志》（1996）记为老虎头墩。基岩岛。岸线长113米，面积877平方米，最高点海拔10米。岛上有简易住房。周围建有虾塘。

老虎头岭 (Lǎohǔtóu Lǐng)

北纬21°43.5′，东经108°30.1′。位于防城港市港口区公车镇海域，距大陆最近点90米。因岛北端顶峰形似老虎头，故名。《中国海域地名志》（1989）、《广西海域地名志》（1992）、《广西海岛志》（1996）均记为老虎头岭。基岩岛。岸线长858米，面积0.0317平方千米，最高点海拔16米。周围建有虾塘，虾塘附近有简易住房。有电线杆拉电设备，架空电缆大陆引电。岛上有一条泥土公路与陆地相连，可通车。

大包针岭 (Dàbāozhēn Lǐng)

北纬21°43.5′，东经108°32.7′。位于防城港市港口区光坡镇海域，距大陆最近点910米。因该岛邻近海域盛产包针，面积比细包针岭大，故名。《中国海域地名志》（1989）、《广西海域地名志》（1992）、《广西海岛志》（1996）均记为大包针岭。基岩岛。岸线长593米，面积0.0208平方千米，最高点海拔28米。周围建有虾塘，虾塘附近有简易住房。有电线杆拉电设备，架空电缆大陆引电。

蛇皮墩 (Shépí Dūn)

北纬21°43.5′，东经108°30.2′。位于防城港市港口区光坡镇海域，距大陆最近点250米。因以前常有蛇在岛上蜕皮，当地群众惯称蛇皮墩。《中国海域地名志》（1989）、《广西海域地名志》（1992）、《广西海岛志》（1996）均记为蛇皮墩。基岩岛。岸线长 245 米，面积 2 889 平方米，最高点海拔 4.5 米。周围建有虾塘，虾塘附近有简易住房。有电线杆拉电设备，架空电缆大陆引电。

旧屋地岭 (Jiùwūdì Lǐng)

北纬 21°43.4′，东经 108°32.3′。位于防城港市港口区光坡镇海域，距大陆最近点 290 米。岛上曾有一户人家居住，后搬迁留下旧屋地残垣，故名。《中国海域地名志》（1989）、《广西海域地名志》（1992）、《广西海岛志》（1996）均记为旧屋地岭。基岩岛。岸线长 3 632 米，面积 0.220 2 平方千米，最高点海拔 53 米。长有草丛、灌木。周围建有虾塘，虾塘附近有简易住房。有电线杆拉电设备，架空电缆大陆引电。岛上有一条泥土公路与陆地相连，可通车。

老虎沟岭 (Lǎohǔgōu Lǐng)

北纬 21°43.4′，东经 108°32.1′。位于防城港市港口区光坡镇海域，距大陆最近点 110 米。因该岛顶峰形似老虎而得名。《中国海域地名志》（1989）、《广西海域地名志》（1992）、《广西海岛志》（1996）均记为老虎沟岭。基岩岛。岸线长 1 255 米，面积 0.043 6 平方千米，最高点海拔 40 米。周围建有虾塘，虾塘附近有简易住房。有电线杆拉电设备，架空电缆大陆引电。岛上有一条泥土公路与陆地相连，可通车。

冬瓜山 (Dōngguā Shān)

北纬 21°43.4′，东经 108°32.8′。位于防城港市港口区光坡镇海域，距大陆最近点 1.03 千米。因岛形似冬瓜，故名。《中国海域地名志》（1989）、《广西海域地名志》（1992）、《广西海岛志》（1996）均记为冬瓜山。基岩岛。岸线长 409 米，面积 0.010 8 平方千米，最高点海拔 20 米。周围建有虾塘，虾塘附近有简易住房。山顶处有 1 个航标。有电线杆拉电设备，架空电缆大陆引电。

鯆鱼墩 (Pūyú Dūn)

北纬 21°43.4′，东经 108°32.7′。位于防城港市港口区光坡镇海域，距大陆最近点 740 米。因岛形似鯆鱼，故名。《中国海域地名志》（1989）、《广西海岛志》（1996）均记为鯆鱼墩。基岩岛。岸线长 276 米，面积 5 551 平方米，最高点海拔 3 米。长有草丛、灌木。岛上有一条连岛路。周围建有虾塘。

大江墩 (Dàjiāng Dūn)

北纬 21°43.3′，东经 108°31.7′。位于防城港市港口区光坡镇海域，距大陆最近点 390 米。该岛位于龙门港南面的江中，当地群众惯称大江墩。《广西海岛志》（1996）记为大江墩。基岩岛。岸线长 97 米，面积 659 平方米，最高点海拔 3.4 米。长有草丛、灌木。

葛麻山 (Gěmá Shān)

北纬 21°43.3′，东经 108°31.8′。位于防城港市港口区光坡镇海域，距大陆最近点 220 米。因岛上遍长葛麻，故名。《中国海域地名志》（1989）、《广西海域地名志》（1992）、《广西海岛志》（1996）均记为葛麻山。基岩岛。岸线长 273 米，面积 4 888 平方米，最高点海拔 16 米。岛上有虾塘，虾塘附近建有简易住房。

榄皮岭 (Lǎnpí Lǐng)

北纬 21°43.3′，东经 108°32.7′。位于防城港市港口区光坡镇海域，距大陆最近点 680 米。因古时该岛盛产海榄树，附近渔民用海榄树皮浆染渔具，故名。《中国海域地名志》（1989）、《广西海域地名志》（1992）、《广西海岛志》（1996）均记为榄皮岭。基岩岛。岸线长 865 米，面积 0.032 3 平方千米，最高点海拔 30 米。岛上有虾塘，虾塘附近建有简易住房。有电线杆拉电设备，架空电缆大陆引电。

三角井岛 (Sānjiǎojǐng Dǎo)

北纬 21°43.3′，东经 108°30.4′。位于防城港市港口区光坡镇海域，距大陆最近点 200 米。岛呈三角形，且岛上以前有水井，当地群众惯称三角井岛。又名三角井石嘴。《中国海域地名志》（1989）记为三角井石嘴，《广西海域地名志》（1992）、《广西海岛志》（1996）记为三角井岛。基岩岛。岸线长 396 米，面积 8 957 平方米。岛上有虾塘，虾塘附近建有简易住房。有电线杆拉电设备，架空电缆大陆引电。

对面沙墩 (Duìmiànshā Dūn)

北纬 21°43.2′，东经 108°31.7′。位于防城港市港口区光坡镇海域，距大陆

最近点 320 米。《中国海域地名志》（1989）、《广西海岛志》（1996）均记为对面沙墩。基岩岛。岸线长 170 米，面积 1 275 平方米，最高点海拔 2 米。长有草丛、灌木。

西三角井岛 (Xīsānjiǎojǐng Dǎo)

北纬 21°43.2′，东经 108°30.3′。位于防城港市港口区光坡镇海域，距大陆最近点 20 米。因该岛位于三角井岛西面，第二次全国海域地名普查时命今名。基岩岛。岸线长 218 米，面积 2 811 平方米，最高点海拔 10 米。岛上建虾塘，虾塘附近有简易住房。有电线杆拉电设备，架空电缆大陆引电。

南三角井岛 (Nánsānjiǎojǐng Dǎo)

北纬 21°43.2′，东经 108°30.5′。位于防城港市港口区光坡镇海域，距大陆最近点 80 米。因该岛位于三角井岛南面，第二次全国海域地名普查时命今名。基岩岛。岸线长 554 米，面积 0.016 4 平方千米，最高点海拔 5 米。岛上植被茂盛，种有人工林。岛上建有虾塘，虾塘附近有简易住房。

荷包墩 (Hébāo Dūn)

北纬 21°43.2′，东经 108°31.7′。位于防城港市港口区光坡镇海域，距大陆最近点 250 米。因岛形似荷包，故名。《中国海域地名志》（1989）、《广西海岛志》（1996）均记为荷包墩。基岩岛。岸线长 136 米，面积 1 121 平方米，最高点海拔 8 米。长有草丛、灌木。

三板坳岭 (Sānbǎn'ào Lǐng)

北纬 21°43.0′，东经 108°31.6′。位于防城港市港口区光坡镇海域，距大陆最近点 110 米。因岛东南面有一沙坳，高潮时可通过三板小木船，故名。《中国海域地名志》（1989）、《广西海域地名志》（1992）、《广西海岛志》（1996）均记为三板坳岭。基岩岛。岸线长 295 米，面积 5 470 平方米，最高点海拔 15 米。长有草丛、灌木。岛上建有虾塘，虾塘附近有简易住房。有电线杆拉电设备，架空电缆大陆引电。

蚝壳涡岭 (Háokéwō Lǐng)

北纬 21°43.0′，东经 108°32.4′。位于防城港市港口区光坡镇海域，距大陆

最近点 80 米。因岛旁边有个堆积许多蚝壳的涡潭，故名。《中国海域地名志》（1989）、《广西海域地名志》（1992）、《广西海岛志》（1996）均记为蚝壳涡岭。基岩岛。岸线长 819 米，面积 0.039 3 平方千米，最高点海拔 18 米。岛上建有虾塘，虾塘附近有简易住房。有电线杆拉电设备，架空电缆大陆引电。有一条泥土路与陆地相连，可通车。

镬盖岭 (Huògài Lǐng)

北纬 21°42.9′，东经 108°32.4′。位于防城港市港口区光坡镇海域，距大陆最近点 80 米。因岛形似镬盖，故名。《中国海域地名志》（1989）、《广西海域地名志》（1992）、《广西海岛志》（1996）均记为镬盖岭。基岩岛。岸线长 692 米，面积 0.030 3 平方千米，最高点海拔 20 米。岛上植被茂盛，种有人工林。建有虾塘，虾塘附近有简易住房。有电线杆拉电设备，架空电缆大陆引电。

牛耳门岛 (Niú'ěrmén Dǎo)

北纬 21°42.9′，东经 108°30.7′。位于防城港市港口区光坡镇海域，距大陆最近点 70 米。因岛形似牛的一扇耳朵，故名。《中国海域地名志》（1989）、《广西海域地名志》（1992）、《广西海岛志》（1996）均记为牛耳门岛。基岩岛。岸线长 455 米，面积 0.010 5 平方千米，最高点海拔 30 米。

沙墩仔 (Shā Dūnzǎi)

北纬 21°42.9′，东经 108°32.6′。位于防城港市港口区光坡镇海域，距大陆最近点 300 米。传说该岛以前是个小沙墩，后经附近的海沙长期冲击而成，故名。《中国海域地名志》（1989）、《广西海域地名志》（1992）、《广西海岛志》（1996）均记为沙墩仔。基岩岛。岸线长 396 米，面积 0.011 2 平方千米，最高点海拔 25 米。岛上植被茂盛，种有人工林。建有虾塘，虾塘附近有简易住房。有电线杆拉电设备，架空电缆大陆引电。

薯莨墩 (Shǔlàng Dūn)

北纬 21°42.9′，东经 108°31.5′。位于防城港市港口区光坡镇海域，距大陆最近点 60 米。因古时该岛盛长薯莨（一种多年生草本植物），故名。《中国海域地名志》（1989）、《广西海域地名志》（1992）、《广西海岛志》（1996）

均记为薯莨墩。基岩岛。岸线长 210 米，面积 2 437 平方米，最高点海拔 21 米。岛上植被茂盛。

老虎山 (Lǎohǔ Shān)

北纬 21°42.8′，东经 108°31.4′。位于防城港市港口区光坡镇海域，距大陆最近点 20 米。因该岛远看很像老虎，故名。《中国海域地名志》（1989）、《广西海域地名志》（1992）、《广西海岛志》（1996）均记为老虎山。基岩岛。岸线长 1 015 米，面积 0.024 5 平方千米，最高点海拔 21 米。岛上建有虾塘，虾塘附近有简易住房。有电线杆拉电设备，架空电缆大陆引电。

担担岭 (Dàndàn Lǐng)

北纬 21°42.8′，东经 108°32.4′。位于防城港市港口区公车镇海域，距大陆最近点 30 米。因岛形似扁担，故名。《中国海域地名志》（1989）、《广西海域地名志》（1992）、《广西海岛志》（1996）均记为担担岭。基岩岛。岸线长 522 米，面积 8 526 平方米，最高点海拔 10 米。岛上植被茂盛，种有人工林。建有虾塘，虾塘附近有简易住房。有电线杆拉电设备，架空电缆大陆引电。

粪箕岭 (Fènjī Lǐng)

北纬 21°42.7′，东经 108°32.6′。位于防城港市港口区光坡镇海域，距大陆最近点 120 米。岛形似粪箕，故名。《中国海域地名志》（1989）、《广西海域地名志》（1992）、《广西海岛志》（1996）均记为粪箕岭。基岩岛。岸线长 1 187 米，面积 0.053 2 平方千米，最高点海拔 28 米。岛上植被茂盛，种有人工林。建有虾塘，虾塘附近有简易住房。有电线杆拉电设备，架空电缆大陆引电。

榄钱岭 (Lǎnqián Lǐng)

北纬 21°42.7′，东经 108°32.6′。位于防城港市港口区光坡镇海域，距大陆最近点 290 米。因古时海岛周围丛生结榄钱果的海榄树，故名。《中国海域地名志》（1989）、《广西海域地名志》（1992）、《广西海岛志》（1996）均记为榄钱岭。基岩岛。岸线长 633 米，面积 0.018 7 平方千米，最高点海拔 23 米。岛上植被茂盛，种有人工林。建有虾塘，虾塘附近有简易住房。

横潭岭 (Héngtán Lǐng)

北纬 21°42.7′，东经 108°30.6′。位于防城港市港口区光坡镇海域，距大陆最近点 180 米。因位于横潭沟东南附近而得名。《中国海域地名志》（1989）、《广西海域地名志》（1992）、《广西海岛志》（1996）均记为横潭岭。基岩岛。岸线长 449 米，面积 0.011 平方千米，最高点海拔 10 米。建有虾塘，虾塘附近建有简易住房。有电线杆拉电设备，架空电缆大陆引电。

割茅山 (Gēmáo Shān)

北纬 21°42.6′，东经 108°34.0′。位于防城港市港口区光坡镇海域，距大陆最近点 910 米。因岛上茅草丛生，有村民在此割茅草，故名。《中国海域地名志》（1989）、《广西海域地名志》（1992）、《广西海岛志》（1996）均记为割茅山。基岩岛。岸线长 504 米，面积 0.013 5 平方千米，最高点海拔 40 米。岛上长有灌木、乔木。

割茅山小墩 (Gēmáoshān Xiǎodūn)

北纬 21°42.6′，东经 108°33.9′。位于防城港市港口区光坡镇海域，距大陆最近点 850 米。因该岛位于割茅山北面，且面积较小，故名。基岩岛。岸线长 163 米，面积 1 401 平方米，最高点海拔 2.3 米。岛上长有草丛、灌木。

磨勾曲北墩 (Mógōuqǔ Běidūn)

北纬 21°42.5′，东经 108°30.7′。位于防城港市港口区光坡镇海域，距大陆最近点 90 米。因该岛位于磨勾曲岭北面，故名。基岩岛。岸线长 586 米，面积 0.026 3 平方千米，最高点海拔 6.3 米。岛上长有草丛、灌木，种有人工林。建有虾塘，虾塘附近有简易住房。有电线杆拉电设备，架空电缆大陆引电。

蛇仔岭岛 (Shézǎilǐng Dǎo)

北纬 21°42.5′，东经 108°33.7′。位于防城港市港口区光坡镇海域，距大陆最近点 430 米。因该岛位于蛇岭岛附近，且岛体很小，第二次全国海域地名普查时命今名。基岩岛。岸线长 81 米，面积 352 平方米。岛上长有草丛、灌木。

透坳岭 (Tòu'ào Lǐng)

北纬 21°42.5′，东经 108°32.5′。位于防城港市港口区光坡镇海域，距大陆

最近点 70 米。因海岛中部有个坳，据传是由三牙石（礁）透（延伸）过来的，故名。《中国海域地名志》（1989）、《广西海域地名志》（1992）、《广西海岛志》（1996）均记为透坳岭。基岩岛。岸线长 782 米，面积 0.028 9 平方千米，最高点海拔 35 米。岛上建有虾塘，虾塘附近有简易住房。有电线杆拉电设备，架空电缆大陆引电。

磨勾曲岭 (Mógōuqǔ Lǐng)

北纬 21°42.5′，东经 108°30.6′。位于防城港市港口区光坡镇海域，距大陆最近点 70 米。因海岛形似推磨的曲勾手而得名。《中国海域地名志》（1989）、《广西海域地名志》（1992）、《广西海岛志》（1996）均记为磨勾曲岭。基岩岛。岸线长 2 343 米，面积 0.131 6 平方千米，最高点海拔 18 米。岛上植被茂盛，种有人工林。建有虾塘，虾塘附近有简易住房。有电线杆拉电设备，架空电缆大陆引电。

阿麓堆岛 (Ālùduī Dǎo)

北纬 21°42.5′，东经 108°34.3′。位于防城港市港口区光坡镇海域，距大陆最近点 1.13 千米。因该岛从西北到东南三峰起伏，高为堆，低为麓（方言），故名。《中国海域地名志》（1989）、《广西海域地名志》（1992）、《广西海岛志》（1996）均记为阿麓堆岛。基岩岛。岸线长 921 米，面积 0.023 9 平方千米，最高点海拔 25 米。岛上长有灌木、乔木。

蛇岭 (Shé Lǐng)

北纬 21°42.4′，东经 108°34.0′。位于防城港市港口区光坡镇海域，距大陆最近点 410 米。因海岛地形细长，似眼镜蛇，故名。《中国海域地名志》（1989）、《广西海域地名志》（1992）、《广西海岛志》（1996）均记为蛇岭。基岩岛。岸线长 1 141 米，面积 0.051 8 平方千米，最高点海拔 4 米。岛上建有虾塘，虾塘附近有简易住房。有电线杆拉电设备，架空电缆大陆引电。

阿麓堆边墩 (Ālùduībiān Dūn)

北纬 21°42.4′，东经 108°34.3′。位于防城港市港口区光坡镇海域，距大陆最近点 1.11 千米。因该岛位于阿麓堆岛旁边，故名。基岩岛。岸线长 211 米，面积 2 892 平方米，最高点海拔 15 米。岛上长有灌木、乔木。

落路小墩岛 （Luòlù Xiǎodūn Dǎo）

北纬 21°42.4′，东经 108°30.0′。位于防城港市港口区公车镇海域，距大陆最近点 40 米。因该岛位于落路村附近，面积小，第二次全国海域地名普查时命今名。基岩岛。岸线长 85 米，面积 517 平方米。岛上长有灌木。

雀仔墩 （Quèzǎi Dūn）

北纬 21°42.3′，东经 108°34.6′。位于防城港市港口区光坡镇海域，距大陆最近点 1.54 千米。因岛形似麻雀，面积较小，故名。《中国海域地名志》（1989）、《广西海岛志》（1996）均记为雀仔墩。基岩岛。岸线长 124 米，面积 893 平方米，最高点海拔 5 米。岛上长有灌木和乔木。

田口沟岭 （Tiánkǒugōu Lǐng）

北纬 21°42.3′，东经 108°30.3′。位于防城港市港口区光坡镇海域，距大陆最近点 380 米。因岛上水田边有海湾形成沟渠，当地群众惯称田口沟岭。《中国海域地名志》（1989）、《广西海域地名志》（1992）、《广西海岛志》（1996）均记为田口沟岭。基岩岛。岸线长 402 米，面积 9 568 平方米，最高点海拔 8 米。岛上植被茂盛，种有人工林。

死牛墩 （Sǐniú Dūn）

北纬 21°42.3′，东经 108°34.4′。位于防城港市港口区光坡镇海域，距大陆最近点 1.3 千米。因岛上曾有死牛漂来，当地群众惯称死牛墩。《中国海域地名志》（1989）、《广西海岛志》（1996）记为死牛墩。基岩岛。岸线长 158 米，面积 680 平方米，最高点海拔 7 米。岛上长有草丛、灌木。

落路东墩岛 （Luòlù Dōngdūn Dǎo）

北纬 21°42.2′，东经 108°30.2′。位于防城港市港口区光坡镇海域，距大陆最近点 150 米。因该岛位于落路村东侧，第二次全国海域地名普查时命今名。基岩岛。岸线长 2.21 千米，面积 0.155 5 平方千米，最高点海拔 25 米。岛上植被茂盛，种有人工林。建有虾塘，虾塘附近有简易住房。有一条水泥公路与陆地相连，可通车。有电线杆拉电设备，架空电缆大陆引电。

高山大岭 (Gāoshān Dàlǐng)

北纬 21°42.2′，东经 108°32.4′。位于防城港市港口区光坡镇海域，距大陆最近点 200 米。因该岛相比周围海岛面积较大，故名。《中国海域地名志》（1989）、《广西海域地名志》（1992）、《广西海岛志》（1996）均记为高山大岭。基岩岛。岸线长 1.08 千米，面积 0.050 2 平方千米，最高点海拔 27 米。岛上长有草丛、灌木。有一口淡水井。周围建有虾塘。

落路大墩岛 (Luòlù Dàdūn Dǎo)

北纬 21°42.2′，东经 108°30.0′。位于防城港市港口区光坡镇海域，距大陆最近点 20 米。因该岛位于落路村附近，面积较大，第二次全国海域地名普查时命今名。基岩岛。岸线长 1.49 千米，面积 0.115 9 平方千米，最高点海拔 10 米。岛上植被茂盛，种有人工林。岛上建有虾塘，虾塘附近有简易住房。有电线杆拉电设备，架空电缆大陆引电。

双夹山 (Shuāngjiá Shān)

北纬 21°42.1′，东经 108°32.2′。位于防城港市港口区光坡镇海域，距大陆最近点 100 米。该岛有一湾口朝南，形如伸出的双夹，故名。《中国海域地名志》（1989）、《广西海域地名志》（1992）、《广西海岛志》（1996）均记为双夹山。基岩岛。岸线长 1.3 千米，面积 0.070 7 平方千米，最高点海拔 25 米。岛上植被茂盛，种有人工林。建有虾塘，虾塘附近有简易住房。有电线杆拉电设备，架空电缆大陆引电。

鹧鸪岭 (Zhègū Lǐng)

北纬 21°42.1′，东经 108°32.1′。位于防城港市港口区光坡镇海域，距大陆最近点 40 米。因岛上经常有鹧鸪啼叫而得名。《中国海域地名志》（1989）、《广西海域地名志》（1992）、《广西海岛志》（1996）均记为鹧鸪岭。基岩岛。岸线长 1.07 千米，面积 0.030 3 平方千米，最高点海拔 25 米。岛上植被茂盛，种有人工林。建有虾塘，虾塘附近有简易住房。有一条泥土公路与陆地相连，可通车。有电线杆拉电设备，架空电缆大陆引电。

草埠岛 (Cǎobù Dǎo)

北纬 21°42.1′，东经 108°29.8′。位于防城港市港口区公车镇海域，距大陆最近点 30 米。因该岛位于草埠村附近，第二次全国海域地名普查时命今名。基岩岛。岸线长 405 米，面积 0.010 7 平方千米，最高点海拔 9 米。岛上植被茂盛，种有人工林。建有虾塘，虾塘附近有简易住房。有电线杆拉电设备，架空电缆大陆引电。

冲花坳小岛 (Chōnghuā'ào Xiǎodǎo)

北纬 21°42.1′，东经 108°30.6′。位于防城港市港口区光坡镇海域，距大陆最近点 80 米。因该岛位于冲花坳村附近，且相对于冲花坳大岛面积较小，第二次全国海域地名普查时命今名。基岩岛。岸线长 369 米，面积 7 875 平方米，最高点海拔 12 米。岛周围建有虾塘。

细圆墩 (Xìyuán Dūn)

北纬 21°42.1′，东经 108°32.3′。位于防城港市港口区光坡镇海域，距大陆最近点 500 米。因岛顶圆，且相比附近的大圆墩面积较小，故名。《中国海域地名志》（1989）、《广西海域地名志》（1992）、《广西海岛志》（1996）均记为细圆墩。基岩岛。岸线长 204 米，面积 1 907 平方米，最高点海拔 15 米。岛上长有草丛和灌木。建有虾塘，虾塘附近有简易住房。

冲花坳大岛 (Chōnghuā'ào Dàdǎo)

北纬 21°42.1′，东经 108°30.5′。位于防城港市港口区光坡镇海域，距大陆最近点 50 米。因该岛位于冲花坳村附近，面积较大，第二次全国海域地名普查时命今名。基岩岛。岸线长 777 米，面积 0.029 2 平方千米，最高点海拔 12.5 米。岛上植被茂盛，种有人工林。有简易房屋数间，有水泥道路与大陆相连。有电线杆拉电设备，架空电缆大陆引电。

落路南墩岛 (Luòlù Nándūn Dǎo)

北纬 21°42.0′，东经 108°30.1′。位于防城港市港口区光坡镇海域，距大陆最近点 70 米。因该岛位于落路村南面岛群中偏南处，第二次全国海域地名普查时命今名。基岩岛。岸线长 1.04 千米，面积 0.071 2 平方千米，最高点海拔 14 米。

岛上植被茂盛，种有人工林。建有虾塘，虾塘附近有简易住房。

大圆墩 (Dàyuán Dūn)

北纬 21°42.0′，东经 108°32.2′。位于防城港市港口区光坡镇海域，距大陆最近点 370 米。因岛顶端为圆形，且比附近的细圆墩面积较大，故名。《中国海域地名志》（1989）、《广西海域地名志》（1992）、《广西海岛志》（1996）均记为大圆墩。基岩岛。岸线长 466 米，面积 0.015 平方千米。岛上长有草丛和灌木。岛周围建有虾塘。

草刀岭 (Cǎodāo Lǐng)

北纬 21°42.0′，东经 108°31.9′。位于防城港市港口区光坡镇海域，距大陆最近点 80 米。因岛形似割草刀而得名。《中国海域地名志》（1989）、《广西海域地名志》（1992）、《广西海岛志》（1996）均记为草刀岭。基岩岛。岸线长 527 米，面积 0.018 7 平方千米，最高点海拔 7 米。建有虾塘，虾塘附近有简易住房。有电线杆拉电设备，架空电缆大陆引电。

落路西墩岛 (Luòlù Xīdūn Dǎo)

北纬 21°42.0′，东经 108°29.5′。位于防城港市港口区光坡镇海域，距大陆最近点 20 米。因该岛位于落路村南面岛群中偏西处，第二次全国海域地名普查时命今名。基岩岛。岸线长 1.14 千米，面积 0.042 8 平方千米。岛上植被茂盛，种有人工林。海岛一侧为人工扩宽的水渠。

砍刀岛 (Kǎndāo Dǎo)

北纬 21°42.0′，东经 108°29.7′。位于防城港市港口区公车镇海域，距大陆最近点 30 米。因海岛形似砍刀，第二次全国海域地名普查时命名为砍刀岛。基岩岛。岸线长 605 米，面积 0.019 4 平方千米，最高点海拔 11 米。岛上植被茂盛，种有人工林。建有虾塘，虾塘附近有简易住房。有电线杆拉电设备，架空电缆大陆引电。

沙坳墩 (Shā'ào Dūn)

北纬 21°42.0′，东经 108°32.4′。位于防城港市港口区光坡镇海域，距大陆最近点 720 米。因岛中部有一个沙坳（山间平地），故名。《中国海域地名志》

（1989）、《广西海域地名志》（1992）、《广西海岛志》（1996）均记为沙坳墩。基岩岛。岸线长 662 米，面积 0.020 5 平方千米，最高点海拔 20 米。岛上长有草丛和灌木，种有人工林。建有虾塘，虾塘附近有简易住房。有一条泥土公路与陆地相连，可通车。有电线杆拉电设备，架空电缆大陆引电。

蒲瓜墩 (Púguā Dūn)

北纬 21°42.0′，东经 108°32.1′。位于防城港市港口区光坡镇海域，距大陆最近点 310 米。因岛形似蒲瓜而得名。《中国海域地名志》（1989）、《广西海域地名志》（1992）、《广西海岛志》（1996）均记为蒲瓜墩。基岩岛。岸线长 434 米，面积 0.012 4 平方千米，最高点海拔 7 米。岛上长有草丛和灌木。建有虾塘，虾塘附近有简易住房。有一条泥路与陆地相连。

担挑墩 (Dāntiāo Dūn)

北纬 21°41.9′，东经 108°32.2′。位于防城港市港口区光坡镇海域，距大陆最近点 450 米。因岛形似扁担一头挑着东西，故名。《中国海域地名志》（1989）、《广西海岛志》（1996）均记为担挑墩。基岩岛。岸线长 266 米，面积 2 217 平方米，最高点海拔 2.6 米。岛上长有草丛和灌木。建有虾塘，虾塘附近有简易住房。有一条泥土路与陆地相连。

独山墩 (Dúshān Dūn)

北纬 21°41.9′，东经 108°30.5′。位于防城港市港口区光坡镇海域，距大陆最近点 30 米。因该岛附近无其他岛，似山独立，当地群众惯称独山墩。基岩岛。岸线长 307 米，面积 6 338 平方米，最高点海拔 7.6 米。岛上长有草丛和灌木，种有人工林。建有虾塘，虾塘附近有简易住房。有一条泥土公路与陆地相连。有电线杆拉电设备，架空电缆大陆引电。

长坪岛 (Chángpíng Dǎo)

北纬 21°41.9′，东经 108°31.8′。位于防城港市港口区光坡镇海域，距大陆最近点 30 米。因岛呈长形且顶端为草坪，故名。《中国海域地名志》（1989）记为长坪，《广西海域地名志》（1992）、《广西海岛志》（1996）均记为长坪岛。基岩岛。岸线长 877 米，面积 0.033 1 平方千米，最高点海拔 25 米。岛上有一处二层楼房。建有虾塘，虾塘附近有简易住房。有电线杆拉电设备，架空电缆大陆引电。

三角墩 (Sānjiǎo Dūn)

北纬 21°41.8′，东经 108°32.0′。位于防城港市港口区光坡镇海域，距大陆最近点 290 米。因岛呈三角形而得名。《中国海域地名志》（1989）、《广西海域地名志》（1992）、《广西海岛志》（1996）均记为三角墩。基岩岛。岸线长 259 米，面积 0.019 8 平方千米，最高点海拔 20 米。岛上建有虾塘，虾塘附近有简易住房。有电线杆拉电设备，架空电缆大陆引电。

番桃嘴 (Fāntáozuǐ)

北纬 21°41.8′，东经 108°32.8′。位于防城港市港口区光坡镇海域，距大陆最近点 190 米。因岛形似蟠桃的开口处，故名。《中国海域地名志》（1989）、《广西海岛志》（1996）均记为番桃嘴，沿用历史名称记为番桃嘴。基岩岛。岸线长 641 米，面积 0.021 4 平方千米，最高点海拔 5 米。岛上建有虾塘，虾塘附近有简易住房。有电线杆拉电设备，架空电缆大陆引电。

横岭墩 (Hénglǐng Dūn)

北纬 21°41.7′，东经 108°30.5′。位于防城港市港口区光坡镇海域。因有小路从岛前横过而得名。《中国海域地名志》（1989）、《广西海域地名志》（1992）、《广西海岛志》（1996）均记为横岭墩。基岩岛。岸线长 487 米，面积 0.014 3 平方千米，最高点海拔 6.9 米。岛上长有草丛和灌木。建有虾塘，虾塘附近有简易住房。有小型发电设备。岛东面有一简易码头。

小槟榔墩 (Xiǎobīngláng Dūn)

北纬 21°41.7′，东经 108°32.2′。位于防城港市港口区光坡镇海域，距大陆最近点 660 米。因岛形同槟榔果，面积较槟榔墩岛小，故名。基岩岛。岸线长 128 米，面积 721 平方米，最高点海拔 16 米。岛上长有草丛和乔木，种有人工林。建有虾塘，虾塘附近有简易住房。有一条泥土路与陆地相连。有电线杆拉电设备，架空电缆大陆引电。

六墩尾 (Liùdūnwěi)

北纬 21°41.7′，东经 108°34.5′。位于防城港市港口区光坡镇海域，距大陆最近点 700 米。因该岛位于六墩以北，似六墩的尾部，故名。《中国海域地名志》（1989）、《广西海岛志》（1996）均记为六墩尾。基岩岛。岸线长 277 米，面积 3 763 平方米，最高点海拔 19 米。长有灌木和乔木。岛上有旅游开发，建有几处小亭、景点标志物。有电线杆拉电设备，架空电缆大陆引电。

夹仔岭 (Jiāzǎi Lǐng)

北纬 21°41.7′，东经 108°34.4′。位于防城港市港口区光坡镇海域，距大陆最近点 520 米。因该岛东西均有海岛，犹如夹在这些岛之间，面积较小，故名。《中国海域地名志》（1989）、《广西海域地名志》（1992）、《广西海岛志》（1996）均记为夹仔岭。基岩岛。岸线长 307 米，面积 4 572 平方米，最高点海拔 12 米。岛上长有灌木和乔木。

水磨岭 (Shuǐmò Lǐng)

北纬 21°41.6′，东经 108°26.1′。位于防城港市港口区公车镇海域，距大陆最近点 60 米。1949 年后，当地人在岛上利用潮汐作动力设水磨碾米，故名。《中国海域地名志》（1989）、《广西海域地名志》（1992）、《广西海岛志》（1996）均记为水磨岭。基岩岛。岸线长 235 米，面积 3 576 平方米，最高点海拔 7 米。岛上植被茂盛，种有人工林。建有虾塘，虾塘附近有简易住房。有电线杆拉电设备，架空电缆大陆引电。

老虎岭 (Lǎohǔ Lǐng)

北纬 21°41.6′，东经 108°31.9′。位于防城港市港口区光坡镇海域，距大陆最近点 100 米。传说在岛北部有老虎栖息，曾名老虎山岛，当地群众惯称老虎岭。《中国海域地名志》（1989）、《广西海域地名志》（1992）、《广西海岛志》（1996）均记为老虎岭。基岩岛。岸线长 663 米，面积 0.024 1 平方千米，最高点海拔 25 米。岛上建有虾塘，虾塘附近有简易住房。

小六墩 (Xiǎoliù Dūn)

北纬 21°41.6′，东经 108°34.5′。位于防城港市港口区公车镇海域，距大陆最近点 630 米。因该岛邻近六墩且面积小，故名。《中国海域地名志》（1989）、《广西海域地名志》（1992）、《广西海岛志》（1996）均记为小六墩。基岩岛。岸线长 87 米，面积 476 平方米，最高点海拔 19 米。岛上长有草丛、灌木。建有观光亭、景点建筑物。有电线杆拉电设备。

弹虾岭 (Tánxiā Lǐng)

北纬 21°41.5′，东经 108°26.1′。位于防城港市港口区公车镇海域，距大陆最近点 110 米。因岛形似弹虾（当地对皮皮虾的俗称），故名。《中国海域地名志》（1989）、《广西海域地名志》（1992）、《广西海岛志》（1996）均记为弹虾岭。基岩岛。岸线长 920 米，面积 0.041 3 平方千米，最高点海拔 30 米。岛上植被茂盛，种有人工林。建有虾塘，虾塘附近有简易住房。有电线杆拉电设备，架空电缆大陆引电。有一条泥土公路与陆地相连。

西老虎岭岛 (Xīlǎohǔlǐng Dǎo)

北纬 21°41.5′，东经 108°31.7′。位于防城港市港口区光坡镇海域，距大陆最近点 80 米。因该岛位于老虎岭西侧，第二次全国海域地名普查时命今名。基岩岛。岸线长 1.04 千米，面积 0.035 4 平方千米，最高点海拔 18 米。岛上植被茂盛，种有人工林。建有虾塘，虾塘附近有简易住房。有电线杆拉电设备，架空电缆大陆引电。

尽尾箩岛 (Jìnwěiluó Dǎo)

北纬 21°41.5′，东经 108°32.4′。位于防城港市港口区光坡镇海域，距大陆最近点 340 米。因岛形似虾箩，且在石角岛尾部，故名。《中国海域地名志》（1989）、《广西海域地名志》（1992）、《广西海岛志》（1996）均记为尽尾箩岛。基岩岛。岸线长 629 米，面积 0.024 6 平方千米，最高点海拔 25 米。岛上植被茂盛，种有人工林。建有虾塘，虾塘附近有简易住房。有电线杆拉电设备，架空电缆大陆引电。

六墩 (Liù Dūn)

北纬 21°41.5′，东经 108°34.5′。位于防城港市港口区光坡镇海域，距大陆最近点 520 米。因该岛附近有 6 个岛礁，该岛最大，故名。《中国海域地名志》

中国海域海岛地名志
Zhongguo Haiyu Haidao Diming Zhi

（1989）、《广西海域地名志》（1992）、《广西海岛志》（1996）均记为六墩。基岩岛。岸线长 1.51 千米，面积 0.033 6 平方千米，最高点海拔 27.1 米。长有乔木、灌木。岛上建有旅游娱乐设施。建有虾塘，虾塘附近有简易住房。有电线杆拉电设备，架空电缆大陆引电。

横山岭 (Héngshān Lǐng)

北纬 21°41.4′，东经 108°25.9′。位于防城港市港口区公车镇海域，距大陆最近点 380 米。因该岛横卧于小龙门大山脚岭北面，故名。《中国海域地名志》（1989）、《广西海域地名志》（1992）、《广西海岛志》（1996）均记为横山岭。基岩岛。岸线长 641 米，面积 0.025 平方千米，最高点海拔 30 米。岛上植被茂盛，种有人工林。建有虾塘，虾塘附近有简易住房。有一条泥土路与陆地相连。有电线杆拉电设备，架空电缆大陆引电。

山墩 (Shān Dūn)

北纬 21°41.4′，东经 108°32.5′。位于防城港市港口区光坡镇海域，距大陆最近点 90 米。传说古时该岛全是茂密的山林，故名。《中国海域地名志》（1989）、《广西海域地名志》（1992）、《广西海岛志》（1996）均记为山墩。基岩岛。岸线长 671 米，面积 0.013 4 平方千米，最高点海拔 5 米。岛上建有虾塘，虾塘附近有简易住房。有小型发电设备。

北钻牛岭 (Běizuànniú Lǐng)

北纬 21°41.4′，东经 108°26.4′。位于防城港市港口区公车镇海域，距大陆最近点 170 米。因该岛位于钻牛岭北侧而得名。基岩岛。岸线长 342 米，面积 8 504 平方米。植被茂盛，种有人工林。建有虾塘，虾塘附近有简易住房。有电线杆拉电设备，架空电缆大陆引电。

贝墩岛 (Bèidūn Dǎo)

北纬 21°41.3′，东经 108°25.4′。位于防城港市港口区公车镇海域，距大陆最近点 120 米。因该岛周围海域贝类非常多，第二次全国海域地名普查时命名为贝墩岛。基岩岛。岸线长 387 米，面积 0.010 4 平方千米，最高点海拔 18 米。

「74」

东龟仔岭岛 (Dōngguīzǎilǐng Dǎo)

北纬 21°41.3′，东经 108°31.7′。位于防城港市港口区光坡镇海域，距大陆最近点 50 米。因该岛位于龟仔岭东面，第二次全国海域地名普查时命今名。基岩岛。岸线长 477 米，面积 0.014 2 平方千米，最高点海拔 15 米。岛上建有虾塘，虾塘附近有简易住房。有电线杆拉电设备，架空电缆大陆引电。

龟仔岭 (Guīzǎi Lǐng)

北纬 21°41.3′，东经 108°31.6′。位于防城港市港口区光坡镇海域，距大陆最近点 70 米。因岛形似乌龟，且面积较小，故名。《中国海域地名志》（1989）、《广西海岛志》（1996）均记为龟仔岭。基岩岛。岸线长 672 米，面积 0.022 4 平方千米，最高点海拔 12 米。岛上建有虾塘，虾塘附近有简易住房。有电线杆拉电设备，架空电缆大陆引电。

曲车圆墩岛 (Qǔchē Yuándūn Dǎo)

北纬 21°41.2′，东经 108°26.2′。位于防城港市港口区公车镇海域，距大陆最近点 250 米。因该岛位于曲车岛附近，且岛体很圆，第二次全国海域地名普查时命今名。基岩岛。岸线长 240 米，面积 4 494 平方米，最高点海拔 6 米。岛上建有虾塘，虾塘附近有简易住房。有电线杆拉电设备，架空电缆大陆引电。

曲车北墩岛 (Qǔchē Běidūn Dǎo)

北纬 21°41.2′，东经 108°26.0′。位于防城港市港口区公车镇海域，距大陆最近点 160 米。因该岛位于曲车岛北侧，第二次全国海域地名普查时命今名。基岩岛。岸线长 668 米，面积 0.023 平方千米，最高点海拔 17 米。建有虾塘，虾塘附近有简易住房。有电线杆拉电设备，架空电缆大陆引电。

扁涡墩 (Biǎnwō Dūn)

北纬 21°41.1′，东经 108°25.9′。位于防城港市港口区公车镇海域，距大陆最近点 450 米。该岛旁边曾出现过扁圆形的水涡，当地群众以其得名。《中国海域地名志》（1989）、《广西海域地名志》（1992）、《广西海岛志》（1996）均记为扁涡墩。基岩岛。岸线长 313 米，面积 7 252 平方米，最高点海拔 18 米。岛上建有虾塘，虾塘附近有简易住房。

曲车小墩岛 （Qǔchē Xiǎodūn Dǎo）

北纬 21°41.1′，东经 108°26.2′。位于防城港市港口区公车镇海域，距大陆最近点 50 米。因该岛位于曲车岛附近，且是岛体最小的一个，第二次全国海域地名普查时命今名。基岩岛。岸线长 301 米，面积 5 794 平方米，最高点海拔 6 米。岛上植被茂盛，种有人工林。建有虾塘，虾塘附近有简易住房。有电线杆拉电设备，架空电缆大陆引电。

中车 （Zhōngchē）

北纬 21°41.0′，东经 108°25.9′。位于防城港市港口区公车镇海域，距大陆最近点 230 米。因该岛位于中车（地名）西北面，当地群众惯称中车。基岩岛。岸线长 718 米，面积 0.031 7 平方千米，最高点海拔 13 米。岛上有 1 口井，有盐田。建有虾塘，虾塘附近有简易住房。有电线杆拉电设备，架空电缆大陆引电。

曲车岛 （Qǔchē Dǎo）

北纬 21°41.0′，东经 108°26.1′。位于防城港市港口区公车镇海域，距大陆最近点 70 米。因该岛位于曲车（地名）附近，故名。《中国海域地名志》（1989）、《广西海岛志》（1996）均记为曲车岛。基岩岛。岸线长 1.18 千米，面积 0.062 平方千米，最高点海拔 17 米。岛上建有虾塘，虾塘附近有简易住房。

旧沙田 （Jiùshātián）

北纬 21°40.9′，东经 108°25.9′。位于防城港市港口区公车镇海域，距大陆最近点 330 米。因该岛位于旧沙田村附近，当地群众惯称旧沙田。基岩岛。岸线长 428 米，面积 7 535 平方米，最高点海拔 11 米。岛上植被茂盛，种有人工林。建有虾塘，虾塘附近有简易住房。有盐田。有电线杆拉电设备，架空电缆大陆引电。

螃蟹腿岛 （Pángxiètuǐ Dǎo）

北纬 21°40.8′，东经 108°25.6′。位于防城港市港口区公车镇海域，距大陆最近点 640 米。因岛形似螃蟹腿，故名。《中国海域地名志》（1989）、《广西海域地名志》（1992）、《广西海岛志》（1996）均记为螃蟹腿岛。基岩岛。岸线长 91 米，面积 575 平方米，最高点海拔 8 米。岛上长有草丛、灌木。

过路墩 (Guòlù Dūn)

北纬 21°40.8′，东经 108°25.7′。位于防城港市港口区公车镇海域，距大陆最近点 470 米。因渔民出海经常在此停歇，故名。《中国海域地名志》（1989）、《广西海岛志》（1996）均记为过路墩。基岩岛。岸线长 74 米，面积 359 平方米，最高点海拔 3 米。岛上长有草丛、灌木。

海墩岛 (Hǎidūn Dǎo)

北纬 21°40.7′，东经 108°25.6′。位于防城港市港口区公车镇海域，距大陆最近点 580 米。因站在岛上可临海眺望，当地群众惯称海墩岛。《中国海域地名志》（1989）、《广西海岛志》（1996）均记为海墩岛。基岩岛。岸线长 88 米，面积 525 平方米。该岛向陆一侧为一处虾塘。岛上有电线杆拉电设备，架空电缆大陆引电。

较杯墩岛 (Jiàobēidūn Dǎo)

北纬 21°40.7′，东经 108°25.7′。位于防城港市港口区公车镇海域，距大陆最近点 400 米。因该岛两端隆起如馒头，中间较低平，像一对交杯，俗称较杯。又名较杯墩。因该岛形状较扁，又名扁墩。基岩岛。岸线长 157 米，面积 1 726 平方米，最高点海拔 5 米。岛周围有虾塘。

晒鲈墩 (Shàilú Dūn)

北纬 21°40.7′，东经 108°25.8′。位于防城港市港口区公车镇海域，距大陆最近点 240 米。因从前有渔民在岛上晒咸鲈鱼，故名。曾名哨辽环岛。《中国海域地名志》（1989）、《广西海域地名志》（1992）、《广西海岛志》（1996）均记为晒鲈墩。基岩岛。岸线长 418 米，面积 9 483 平方米，最高点海拔 5 米。岛周围建有虾塘。岛上有电线杆拉电设备，架空电缆大陆引电。

横墩 (Héng Dūn)

北纬 21°40.6′，东经 108°25.9′。位于防城港市港口区公车镇海域，距大陆最近点 130 米。因该岛横卧暗埠江口而得名。曾名田口墩。《中国海域地名志》（1989）、《广西海域地名志》（1992）、《广西海岛志》（1996）均记为横墩。基岩岛。岸线长 246 米，面积 4 031 平方米，最高点海拔 6 米。岛上建有虾塘，虾塘附近有简易住房。有小型发电设备。

笀萁墩 (Mángqí Dūn)

北纬21°40.6′，东经108°25.7′。位于防城港市港口区公车镇海域，距大陆最近点420米。因岛上长有很多芒萁草，故名。《中国海域地名志》（1989）、《广西海岛志》（1996）均记为笀萁（为芒萁的误用）墩。基岩岛。岸线长316米，面积6 437平方米，最高点海拔8米。岛上建有虾塘，虾塘附近有简易住房。有电线杆拉电设备，架空电缆大陆引电。岛周围有大蚝（牡蛎）养殖。

鲔鱼岭岛 (Pūyúlǐng Dǎo)

北纬21°40.5′，东经108°22.2′。位于防城港市港口区海域，距大陆最近点90米。因该岛形似鲔鱼而得名。《中国海域地名志》（1989）、《广西海域地名志》（1992）、《广西海岛志》（1996）均记为鲔鱼岭岛。基岩岛。岸线长948米，面积0.032 7平方千米，最高点海拔26.2米。岛上植被茂盛，种有人工林。岛周围建有虾塘。有一条泥土路与陆地相连。

细墩 (Xì Dūn)

北纬21°40.5′，东经108°25.9′。位于防城港市港口区公车镇海域，距大陆最近点30米。曾名扬根车墩。因该岛比周围的岛礁都小，故名细墩。《中国海域地名志》（1989）、《广西海域地名志》（1992）、《广西海岛志》（1996）均记为细墩。基岩岛。岸线长206米，面积3 160平方米，最高点海拔5米。岛上建有虾塘，虾塘附近有简易住房。

烧火北岭岛 (Shāohuǒběilǐng Dǎo)

北纬21°40.5′，东经108°25.7′。位于防城港市港口区公车镇海域，距大陆最近点250米。因该岛位于烧火岭北侧，第二次全国海域地名普查时命今名。基岩岛。岸线长661米，面积0.023 8平方千米，最高点海拔18米。岛上建有虾塘，虾塘附近有简易住房。有电线杆拉电设备，架空电缆大陆引电。

小洲墩 (Xiǎozhōu Dūn)

北纬21°40.4′，东经108°21.0′。位于防城港市港口区海域，距大陆最近点840米。因该岛位于洲墩旁边，且面积较小，故名小洲墩。因该岛位于浮鱼岛旁边，且岛体较小，亦名浮鱼墩。《中国海域地名志》（1989）、《广西海岛志》（1996）记为小洲墩。基岩岛。岸线长 123 米，面积 884 平方米，最高点海拔 1.2 米。岛上长有草丛。

马岭 (Mǎ Lǐng)

北纬 21°40.4′，东经 108°21.4′。位于防城港市港口区海域，距大陆最近点 550 米。第二次全国海域地名普查时，调访当地群众，当地人称其为马岭，因岛形似马得名。因该岛位于倒水坳（地名）附近，又名倒水坳。《中国海域地名志》（1989）、《广西海岛志》（1996）记为倒水坳。基岩岛。岸线长 247 米，面积 3 025 平方米，最高点海拔 8 米。岛上长有草丛、灌木。

烧火墩岛 (Shāohuǒdūn Dǎo)

北纬 21°40.4′，东经 108°25.3′。位于防城港市港口区公车镇海域，距大陆最近点 370 米。因该岛位于烧火墩大岭附近，且面积较小，故名。基岩岛。岸线长 216 米，面积 2 334 平方米，最高点海拔 13 米。

烧火墩大岭 (Shāohuǒdūn Dàlǐng)

北纬 21°40.3′，东经 108°25.6′。位于防城港市港口区公车镇海域，距大陆最近点 160 米。因冬天附近渔民出海捕鱼，常在此烧火取暖而得名。《中国海域地名志》（1989）、《广西海域地名志》（1992）、《广西海岛志》（1996）均记为烧火墩大岭。基岩岛。岸线长 1.58 千米，面积 0.064 1 平方千米，最高点海拔 45 米。岛上建有虾塘，虾塘附近有简易住房。有电线杆拉电设备，架空电缆大陆引电。岛上有路通向陆地。

李大坟岛 (Lǐdàfén Dǎo)

北纬 21°40.3′，东经 108°23.2′。位于防城港市港口区海域。因岛上建有一穴葬李大的坟墓，故名。《中国海域地名志》（1989）、《广西海域地名志》（1992）、《广西海岛志》（1996）均记为李大坟岛。基岩岛。岸线长 755 米，面积 0.037 1 平方千米，最高点海拔 9 米。岛周围建有虾塘，虾塘边上有数间渔业用房。岛上有电线杆拉电设备，架空电缆大陆引电。

狗头岭岛（Gǒutóulǐng Dǎo）

北纬 21°40.3′，东经 108°25.6′。位于防城港市港口区公车镇海域，距大陆最近点 250 米。因岛形似小狗的头部，当地群众惯称狗头岭岛。基岩岛。岸线长 275 米，面积 5 425 平方米，最高点海拔 7 米。岛上植被茂盛，种有人工林。建有虾塘，虾塘附近有简易住房。有电线杆拉电设备，架空电缆大陆引电。

洲墩（Zhōu Dūn）

北纬 21°40.3′，东经 108°20.9′。位于防城港市港口区海域，距大陆最近点 980 米。因该岛周围是沙洲，故名。《中国海域地名志》（1989）、《广西海域地名志》（1992）、《广西海岛志》（1996）均记为洲墩。基岩岛。岸线长 3.94 千米，面积 0.322 1 平方千米，最高点海拔 49 米。植被茂盛，种有人工林。岛上有小房屋和泥石道路。岛背向陆地一面有抽沙管道，现已荒废。

猪头墩（Zhūtóu Dūn）

北纬 21°40.2′，东经 108°25.6′。位于防城港市港口区公车镇海域，距大陆最近点 180 米。因岛形似猪头，故名。《中国海域地名志》（1989）、《广西海岛志》（1996）均记为猪头墩。基岩岛。岸线长 105 米，面积 805 平方米，最高点海拔 7 米。岛上建有虾塘，虾塘附近有简易住房。有电线杆拉电设备，架空电缆大陆引电。

公车马岭（Gōngchēmǎ Lǐng）

北纬 21°40.2′，东经 108°25.6′。位于防城港市港口区公车镇海域，距大陆最近点 130 米。因岛峰似马得名马岭。《中国海域地名志》（1989）、《广西海岛志》（1996）均记为马岭。因省内重名，且位于公车镇，第二次全国海域地名普查时更为今名。基岩岛。岸线长 146 米，面积 1 500 平方米，最高点海拔 6 米。岛上建有虾塘，虾塘附近有简易住房。有电线杆拉电设备，架空电缆大陆引电。

长墩尾岛（Chángdūnwěi Dǎo）

北纬 21°40.2′，东经 108°24.9′。位于防城港市港口区公车镇海域，距大陆最近点 150 米。因该岛位于长墩岛东北，似长墩岛的尾部，故名。基岩岛。岸线长 116 米，面积 569 平方米，最高点海拔 5 米。岛上长有草丛、灌木。

猴子墩 (Hóuzi Dūn)

北纬 21°40.2′，东经 108°27.3′。位于防城港市港口区企沙镇海域，距大陆最近点 100 米。因岛峰似猴子，当地群众惯称猴子墩。《中国海域地名志》（1989）、《广西海岛志》（1996）均记为猴子墩。基岩岛。岸线长 303 米，面积 4 988 平方米，最高点海拔 8 米。岛上建有虾塘，虾塘附近有简易住房。有一条小泥土路从大陆通向海岛。

站前小墩岛 (Zhànqián Xiǎodūn Dǎo)

北纬 21°40.2′，东经 108°28.2′。位于防城港市港口区光坡镇海域，距大陆最近点 140 米。因该岛位于防城港至企沙镇一级公路旁一个公路收费站前，第二次全国海域地名普查时命今名。基岩岛。岸线长 162 米，面积 1 613 平方米，最高点海拔 7 米。植被茂盛，种有人工林。建有虾塘，虾塘附近有简易住房。有电线杆拉电设备，架空电缆大陆引电。

三车岭 (Sānchē Lǐng)

北纬 21°40.2′，东经 108°22.9′。位于防城港市港口区海域，距大陆最近点 60 米。因岛上三峰迭起，形似三架风车，故名。《中国海域地名志》（1989）、《广西海域地名志》（1992）、《广西海岛志》（1996）均记为三车岭。基岩岛。岸线长 534 米，面积 0.014 3 平方千米，最高点海拔 16 米。岛上建有虾塘，虾塘附近有简易住房。

螃蟹墩岛 (Pángxièdūn Dǎo)

北纬 21°40.2′，东经 108°25.6′。位于防城港市港口区公车镇海域，距大陆最近点 100 米。因该岛周围盛产螃蟹，附近居民经常在此捕抓螃蟹，故名。基岩岛。岸线长 168 米，面积 1 748 平方米，最高点海拔 8 米。岛上建有虾塘，虾塘附近有简易住房。

站前西墩岛 (Zhànqián Xīdūn Dǎo)

北纬 21°40.1′，东经 108°28.1′。位于防城港市港口区光坡镇海域，距大陆最近点 210 米。因该岛位于防城港至企沙一级公路收费站西侧，第二次全国海域地名普查时命今名。基岩岛。岸线长 701 米，面积 0.027 2 平方千米，最高点海拔 20 米。岛上建有虾塘，虾塘附近有简易住房。有电线杆拉电设备，架空电缆大陆引电。

站前墩岛 (Zhànqiándūn Dǎo)

北纬 21°40.1′，东经 108°28.3′。位于防城港市港口区光坡镇海域，距大陆最近点 30 米。因该岛位于防城港至企沙一级公路收费站旁边，第二次全国海域地名普查时命今名。基岩岛。岸线长 602 米，面积 0.018 5 平方千米，最高点海拔 18.6 米。岛上植被茂盛，种有人工林。建有虾塘，虾塘附近有简易住房。有电线杆拉电设备，架空电缆大陆引电。

西茅墩岛 (Xīmáodūn Dǎo)

北纬 21°40.1′，东经 108°22.5′。位于防城港市港口区海域，距大陆最近点 190 米。因该岛位于茅墩西侧，第二次全国海域地名普查时命今名。基岩岛。岸线长 407 米，面积 0.011 平方千米，最高点海拔 8 米。岛上植被茂盛，种有人工林。建有虾塘，虾塘附近有简易住房。岛上有一条泥土路与陆地相连。

上茅墩 (Shàngmáo Dūn)

北纬 21°40.1′，东经 108°22.6′。位于防城港市港口区海域，距大陆最近点 70 米。该岛从前遍长茅草，位于下茅墩北，以北为上，故名。《中国海域地名志》（1989）、《广西海域地名志》（1992）、《广西海岛志》（1996）均记为上茅墩。基岩岛。岸线长 332 米，面积 7 768 平方米，最高点海拔 18 米。

松柏岭 (Sōngbǎi Lǐng)

北纬 21°40.1′，东经 108°22.7′。位于防城港市港口区海域，距大陆最近点 160 米。因岛上曾经遍长松柏树，故名。《中国海域地名志》（1989）、《广西海域地名志》（1992）、《广西海岛志》（1996）均记为松柏岭。基岩岛。岸线长 357 米，面积 8 417 平方米，最高点海拔 12 米。岛上建有虾塘，虾塘附近有简易住房。有小型发电设备。

下茅墩 (Xiàmáo Dūn)

北纬 21°40.1′，东经 108°22.6′。位于防城港市港口区海域，距大陆最近点

210 米。因该岛曾经遍长茅草，在上茅墩南，以南为下，故名。《中国海域地名志》（1989）、《广西海域地名志》（1992）、《广西海岛志》（1996）均记为下茅墩。基岩岛。岸线长 237 米，面积 4 012 平方米，最高点海拔 15 米。

长墩岛 (Chángdūn Dǎo)

北纬 21°40.0′，东经 108°24.7′。位于防城港市港口区公车镇海域，距大陆最近点 240 米。因岛形较长而得名。《中国海域地名志》（1989）、《广西海域地名志》（1992）、《广西海岛志》（1996）均记为长墩岛。基岩岛。岸线长 180 米，面积 1 435 平方米，最高点海拔 7 米。岛上长有草丛、灌木。

蛇头岭 (Shétóu Lǐng)

北纬 21°40.0′，东经 108°22.9′。位于防城港市港口区海域，距大陆最近点 330 米。因岛形似蛇头而得名。《中国海域地名志》（1989）、《广西海域地名志》（1992）、《广西海岛志》（1996）均记为蛇头岭。基岩岛。岸线长 242 米，面积 3 836 平方米，最高点海拔 15 米。岛上建有虾塘，虾塘附近有简易住房。

崩墩 (Bēng Dūn)

北纬 21°40.0′，东经 108°28.0′。位于防城港市港口区光坡镇海域，距大陆最近点 60 米。因该岛以前发生过山崩，故名。《中国海域地名志》（1989）、《广西海岛志》（1996）均记为崩墩。基岩岛。岸线长 254 米，面积 4 838 平方米，最高点海拔 10 米。岛上植被茂盛，种有人工林。建有虾塘，虾塘附近有简易住房。有电线杆拉电设备，架空电缆大陆引电。

狗墩 (Gǒu Dūn)

北纬 21°40.0′，东经 108°23.0′。位于防城港市港口区海域，距大陆最近点 480 米。因岛形似狗而得名。《中国海域地名志》（1989）、《广西海域地名志》（1992）、《广西海岛志》（1996）均记为狗墩。基岩岛。岸线长 84 米，面积 430 平方米，最高点海拔 9 米。

菠萝岭 (Bōluó Lǐng)

北纬 21°39.9′，东经 108°26.7′。位于防城港市港口区光坡镇海域，距大陆最近点 130 米。以前岛上盛产菠萝，故名。《中国海域地名志》（1989）、《广西海岛志》（1996）均记为菠萝岭。基岩岛。岸线长 604 米，面积 0.022 平方千米，最高点海拔 7 米。岛上植被茂盛，种有人工林。建有虾塘，虾塘附近有简易住房。

插墩 (Chā Dūn)

北纬 21°39.9′，东经 108°23.1′。位于防城港市港口区海域，距大陆最近点 520 米。因岛形似谷插（竹编品）而得名。《中国海域地名志》（1989）、《广西海域地名志》（1992）、《广西海岛志》（1996）均记为插墩。基岩岛。岸线长 107 米，面积 727 平方米，最高点海拔 4 米。

扫把墩 (Sàobǎ Dūn)

北纬 21°39.9′，东经 108°28.1′。位于防城港市港口区企沙镇海域，距大陆最近点 50 米。因岛形似扫把，当地群众惯称扫把墩。基岩岛。岸线长 656 米，面积 0.015 平方千米，最高点海拔 6 米。岛上植被茂盛，种有人工林。建有虾塘，虾塘附近有简易住房。有电线杆拉电设备，架空电缆大陆引电。

大扫把墩岛 (Dàsàobǎdūn Dǎo)

北纬 21°39.9′，东经 108°28.2′。位于防城港市港口区光坡镇海域，距大陆最近点 50 米。因岛形似扫把，面积较大，当地群众惯称大扫把墩岛。基岩岛。岸线长 656 米，面积 0.015 平方千米，最高点海拔 19 米。岛上植被茂盛，种有人工林。建有虾塘，虾塘附近有简易住房。有电线杆拉电设备，架空电缆大陆引电。

钻牛岭 (Zuànniú Lǐng)

北纬 21°39.9′，东经 108°26.6′。位于防城港市港口区公车镇海域，距大陆最近点 210 米。因位于钻牛村附近而得名。基岩岛。岸线长 139.2 米，面积 1 391 平方米。岛上建有虾塘，虾塘附近有简易住房。有电线杆拉电设备，架空电缆大陆引电。

西桥边墩岛 (Xīqiáobiāndūn Dǎo)

北纬 21°39.8，东经 108°28.2′。位于防城港市港口区光坡镇海域，距大陆最近点 10 米。因位于桥边墩岛西侧，第二次全国海域地名普查时命今名。基岩岛。岸线长 311 米，面积 6 553 平方米，最高点海拔 8 米。岛上植被茂盛，种有人工林。建有虾塘，虾塘附近有简易住房。有电线杆拉电设备，架空电缆大陆引电。

桥边墩岛 (Qiáobiāndūn Dǎo)

北纬 21°39.8′，东经 108°28.3′。位于防城港市港口区光坡镇海域，距大陆最近点 10 米。因位于高铁桥边，第二次全国海域地名普查时命今名。基岩岛。岸线长 255 米，面积 4 779 平方米，最高点海拔 7 米。岛上植被茂盛，种有人工林。建有虾塘，虾塘附近有简易住房。有电线杆拉电设备，架空电缆大陆引电。

观音石 (Guānyīn Shí)

北纬 21°39.8′，东经 108°33.1′。位于防城港市港口区光坡镇海域，距大陆最近点 220 米。该岛形似一圆形石墩，中间有一石头形似观音打坐，故名。《广西海岛志》（1996）记为观音石。沙泥岛。岸线长 180 米，面积 2 495 平方米，最高点海拔 0.5 米。无植被。

光坡大岭岛 (Guāngpō Dàlǐng Dǎo)

北纬 21°39.7′，东经 108°27.7′。位于防城港市港口区光坡镇海域，距大陆最近点 50 米。因位于光坡镇且面积较大，第二次全国海域地名普查时命今名。基岩岛。岸线长 1.34 千米，面积 0.083 9 平方千米，最高点海拔 28 米。岛上建有虾塘，虾塘附近有简易住房。有电线杆拉电设备，架空电缆大陆引电。

草鞋墩岛 (Cǎoxiédūn Dǎo)

北纬 21°39.6′，东经 108°27.6′。位于防城港市港口区光坡镇海域，距大陆最近点 280 米。因岛形似草鞋，第二次全国海域地名普查时命今名。基岩岛。岸线长 489 米，面积 0.010 5 平方千米，最高点海拔 10 米。岛上植被茂盛，种有人工林。建有虾塘，虾塘附近有简易住房。有电线杆拉电设备，架空电缆大陆引电。

大沙潭墩 (Dàshātán Dūn)

北纬 21°39.6′，东经 108°27.5′。位于防城港市港口区光坡镇海域，距大陆最近点 310 米。因该岛位于沙潭墩附近，且岛体较大，故名。基岩岛。岸线长 821 米，面积 0.035 6 平方千米，最高点海拔 17 米。岛上建有虾塘，虾塘附近有简易住房。有电线杆拉电设备，架空电缆大陆引电。

沙潭墩 (Shātán Dūn)

北纬 21°39.6′，东经 108°27.4′。位于防城港市港口区光坡镇海域，距大陆最近点 540 米。因该岛在一沙底水潭旁边，故名。《中国海域地名志》（1989）、《广西海域地名志》（1992）、《广西海岛志》（1996）均记为沙潭墩。基岩岛。岸线长 187 米，面积 2 160 平方米，最高点海拔 8 米。岛上建有虾塘，虾塘附近有简易住房。有电线杆拉电设备，架空电缆大陆引电。

山猪山 (Shānzhū Shān)

北纬 21°39.6′，东经 108°23.8′。位于防城港市港口区海域，距大陆最近点 470 米。因岛上之山形似山猪，故名。《中国海域地名志》（1989）、《广西海域地名志》（1992）、《广西海岛志》（1996）均记为山猪山。基岩岛。岸线长 426 米，面积 0.010 6 平方千米，最高点海拔 18.2 米。

黄豆岛 (Huángdòu Dǎo)

北纬 21°39.5′，东经 108°27.6′。位于防城港市港口区光坡镇海域，距大陆最近点 110 米。因岛形似黄豆，第二次全国海域地名普查时命名为黄豆岛。基岩岛。岸线长 338 米，面积 7 904 平方米，最高点海拔 12 米。岛上建有虾塘，虾塘附近有简易住房。有电线杆拉电设备，架空电缆大陆引电。

对坎潭北墩 (Duìkǎntán Běidūn)

北纬 21°39.4′，东经 108°27.6′。位于防城港市港口区光坡镇海域，距大陆最近点 140 米。因该岛位于对坎潭北边，故名。基岩岛。岸线长 124 米，面积 949 平方米，最高点海拔 3 米。岛上建有虾塘，虾塘附近有简易住房。有电线杆拉电设备，架空电缆大陆引电。

小独墩 (Xiǎodú Dūn)

北纬 21°39.4′，东经 108°21.1′。位于防城港市港口区海域，距大陆最近点 2.46 千米。因该岛独自屹立于海中，与大独墩相比面积较小，故名。基岩岛。岸线长 392 米，面积 5 823 平方米，最高点海拔 10 米。

嗯呃墩 (Èn'e Dūn)

北纬 21°39.4′，东经 108°23.4′。位于防城港市港口区海域，距大陆最近点

650 米。曾名咿呃墩岛。该岛周围流速大，涨退潮时船只经过此处需费力划船，船工发出"嗯呃"号子，故名嗯呃墩。《中国海域地名志》（1989）、《广西海岛志》（1996）均记为嗯呃墩。基岩岛。岸线长 392 米，面积 5 823 平方米，最高点海拔 10 米。岛上长有草丛和灌木。

对坎潭南墩 (Duìkǎntán Nándūn)

北纬 21°39.4′，东经 108°27.6′。位于防城港市港口区光坡镇海域，距大陆最近点 110 米。因该岛位于对坎潭南边而得名。基岩岛。岸线长 144 米，面积 985 平方米，最高点海拔 2 米。岛周围建有养殖塘，有渔业用房数间。有电线杆拉电设备，架空电缆大陆引电。

大独墩 (Dàdú Dūn)

北纬 21°39.3′，东经 108°21.0′。位于防城港市港口区海域，距大陆最近点 2.67 千米。该岛独自屹立于海中，与小独墩相比面积较大，故名。《中国海域地名志》（1989）、《广西海域地名志》（1992）、《广西海岛志》（1996）均记为大独墩。基岩岛。岸线长 621 米，面积 0.019 平方千米，最高点海拔 28 米。

北土地墩岛 (Běitǔdìdūn Dǎo)

北纬 21°39.3′，东经 108°27.1′。位于防城港市港口区光坡镇海域，距大陆最近点 50 米。因该岛位于土地墩以北，第二次全国海域地名普查时命今名。基岩岛。岸线长 375 米，面积 7 890 平方米，最高点海拔 11 米。岛上建有虾塘，虾塘附近有简易住房。有电线杆拉电设备，架空电缆大陆引电。

花生墩岛 (Huāshēngdūn Dǎo)

北纬 21°39.3′，东经 108°27.7′。位于防城港市港口区光坡镇海域，距大陆最近点 30 米。因岛形似花生，两边高，中间低，呈圆形，第二次全国海域地名普查时命名为花生墩岛。基岩岛。岸线长 429 米，面积 8 172 平方米，最高点海拔 9 米。岛上建有虾塘，虾塘附近有简易住房。有电线杆拉电设备，架空电缆大陆引电。

东土地墩岛 (Dōngtǔdìdūn Dǎo)

北纬 21°39.2′，东经 108°27.4′。位于防城港市港口区公车镇海域，距大陆最近点 60 米。因该岛位于土地墩东侧，第二次全国海域地名普查时命名为东土地墩岛。基岩岛。岸线长 470 米，面积 0.011 7 平方千米，最高点海拔 12 米。岛上建有虾塘，虾塘附近有简易住房。有电线杆拉电设备，架空电缆大陆引电。

烂涎港 (Lànbàn'gǎng)

北纬 21°39.2′，东经 108°27.6′。位于防城港市港口区光坡镇海域，距大陆最近点 120 米。因位于烂涎港旁边而得名。基岩岛。岸线长 216 米，面积 3 071 平方米，最高点海拔 5 米。岛上建有虾塘，虾塘附近有简易住房。有电线杆拉电设备，架空电缆大陆引电。

烂涎港南岛 (Lànbàn'gǎng Nándǎo)

北纬 21°39.1′，东经 108°27.6′。位于防城港市港口区光坡镇海域，距大陆最近点 20 米。因位于烂涎港南面，第二次全国海域地名普查时命今名。基岩岛。岸线长 114 米，面积 793 平方米，最高点海拔 7.5 米。岛周围建有虾塘。

老鼠墩 (Lǎoshǔ Dūn)

北纬 21°38.7′，东经 108°20.5′。位于防城港市港口区海域，距大陆最近点 1.79 千米。因岛形似老鼠而得名。《中国海域地名志》(1989)、《广西海岛志》(1996) 均记为老鼠墩。基岩岛。岸线长 103 米，面积 444 平方米，最高点海拔 3 米。岛上长有草丛和灌木。

新坡小墩岛 (Xīnpō Xiǎodūn Dǎo)

北纬 21°38.3′，东经 108°25.8′。位于防城港市港口区光坡镇海域，距大陆最近点 120 米。因位于新坡村附近，相对新坡大墩岛面积较小，第二次全国海域地名普查时命今名。基岩岛。岸线长 469 米，面积 0.012 2 平方千米，最高点海拔 10 米。岛上建有虾塘，虾塘附近有简易住房。有电线杆拉电设备，架空电缆大陆引电。

新坡大墩岛 (Xīnpō Dàdūn Dǎo)

北纬 21°38.2′，东经 108°25.8′。位于防城港市港口区光坡镇海域，距大陆最近点 50 米。因位于新坡村附近，相对新坡小墩岛面积较大，第二次全国海域地名普查时命今名。基岩岛。岸线长 1.54 千米，面积 0.070 5 平方千米，最高点海拔 20 米。岛上建有虾塘，虾塘附近有简易住房。有电线杆拉电设备，架空电缆大陆引电。

港中墩 (Gǎngzhōng Dūn)

北纬 21°38.2′，东经 108°25.5′。位于防城港市港口区光坡镇海域，距大陆最近点 150 米。因位于潭油港口中而得名。《中国海域地名志》（1989）、《广西海域地名志》（1992）、《广西海岛志》（1996）均记为港中墩。基岩岛。岸线长 582 米，面积 0.012 6 平方千米，最高点海拔 12 米。

北风脑岛 (Běifēngnǎo Dǎo)

北纬 21°38.1′，东经 108°20.2′。位于防城港市港口区海域，距大陆最近点 590 米。因岛北端有个隆起的小丘，像人的脑袋，冬天北风特别大，故名。《中国海域地名志》（1989）、《广西海域地名志》（1992）、《广西海岛志》（1996）均记为北风脑岛。基岩岛。岸线长 2.32 千米，面积 0.140 1 平方千米，最高点海拔 20.8 米。岛上有旅游开发，建有 1 个广场和 1 个雕塑，有公路贯穿，通过防城港西湾跨海大桥一段连接大陆和龙孔墩。岛上有电线杆拉电设备，架空电缆大陆引电。

龙孔墩 (Lóngkǒng Dūn)

北纬 21°37.8′，东经 108°19.9′。位于防城港市港口区海域，距大陆最近点 300 米。人们从民间流传的"仙人搭桥龙孔过"一句诗中取名龙孔墩。曾名麻风岛，1958 年开始在岛东南部设有皮防医院留医部，常住麻风病人。1980 年以后沦为荒岛，无人常住。《中国海域地名志》（1989）、《广西海域地名志》（1992）、《广西海岛志》（1996）均记为龙孔墩。基岩岛。岸线长 1.88 千米，面积 0.119 8 平方千米，最高点海拔 39 米。2003 年西湾大桥建成，岛上开始建设相应设施。现有 1 个碧海生态休闲园，有公路贯穿，通过防城港西湾跨海大桥一段与北风脑岛相连。有 1 个气象观测场。建有通信设施，水电均由大陆引入。

小茅墩岛 (Xiǎomáodūn Dǎo)

北纬 21°37.7′，东经 108°24.9′。位于防城港市港口区光坡镇海域，距大陆

最近点 230 米。曾名茅墩。因岛上盛长茅草，且面积比大茅墩岛小，故名。基岩岛。岸线长 277 米，面积 2 646 平方米，最高点海拔 9 米。

将军山 (Jiāngjūn Shān)

北纬 21°37.4′，东经 108°19.3′。位于防城港市港口区海域，距大陆最近点 220 米。因该岛在皇帝岭前，高峻雄伟，形似将军，故名。《中国海域地名志》（1989）、《广西海域地名志》（1992）、《广西海岛志》（1996）均记为将军山。基岩岛。岸线长 1.01 千米，面积 0.069 1 平方千米，最高点海拔 75.1 米。岛上建有一处灯塔和数间已废弃小平房。部分岸段有石头砌成的固岛护坝。

双墩 (Shuāng Dūn)

北纬 21°36.8′，东经 108°29.3′。位于防城港市港口区企沙镇海域，距大陆最近点 200 米。因该岛由两个小山头相连，故名。《中国海域地名志》（1989）、《广西海域地名志》（1992）、《广西海岛志》（1996）均记为双墩。基岩岛。岸线长 383 米，面积 6 311 平方米，最高点海拔 10 米。岛上建有虾塘。

大虫墩岛 (Dàchóngdūn Dǎo)

北纬 21°36.7′，东经 108°25.9′。位于防城港市港口区光坡镇海域，距大陆最近点 110 千米。岛形似大虫（古时称老虎为大虫），故名。基岩岛。岸线长 261 米，面积 4 565 平方米，最高点海拔 8 米。岛上植被茂盛，种有人工林。有电线杆拉电设备，架空电缆大陆引电。

蛇地坪南岛 (Shédìpíng Nándǎo)

北纬 21°36.7′，东经 108°29.5′。位于防城港市港口区企沙镇海域，距大陆最近点 90 米。因该岛位于蛇地坪南面，第二次全国海域地名普查时命今名。基岩岛。岸线长 78 米，面积 402 平方米，最高点海拔 6.9 米。岛上建有 1 个养殖塘，塘堤连接海岛和陆地。

双墩南岛 (Shuāngdūn Nándǎo)

北纬 21°36.6′，东经 108°29.4′。位于防城港市港口区企沙镇海域，距大陆最近点 80 米。因位于双墩南面，第二次全国海域地名普查时命今名。基岩岛。岸线长 639 米，面积 0.022 1 平方千米，最高点海拔 8 米。岛上建有养殖场 1 处。

风流岭 (Fēngliú Lǐng)

北纬 21°36.5′，东经 108°26.3′。位于防城港市港口区企沙镇海域，距大陆最近点 110 米。因过去常有船民带妇女在岛上对唱情歌，故名。《中国海域地名志》(1989)、《广西海岛志》(1996) 均记为风流岭。基岩岛。岸线长 122 米，面积 1 060 平方米，最高点海拔 5 米。

西风流岭岛 (Xīfēngliúlǐng Dǎo)

北纬 21°36.5′，东经 108°26.2′。位于防城港市港口区企沙镇海域，距大陆最近点 40 米。因位于风流岭西侧，第二次全国海域地名普查时命今名。基岩岛。岸线长 190 米，面积 2 249 平方米，最高点海拔 5 米。岛上建有虾塘，虾塘附近有简易住房。有电线杆拉电设备，架空电缆大陆引电。

卧狮墩岛 (Wòshīdūn Dǎo)

北纬 21°36.1′，东经 108°29.0′。位于防城港市港口区企沙镇海域，距大陆最近点 120 米。因岛形似一头卧着的狮子，第二次全国海域地名普查时命今名。基岩岛。岸线长 56 米，面积 239 平方米。无植被。

鲋鱼岛 (Pūyú Dǎo)

北纬 21°35.8′，东经 108°26.1′。位于防城港市港口区企沙镇海域，距大陆最近点 70 米。曾名鱼墩。因岛形似鲋鱼而得名。《中国海域地名志》(1989)、《广西海岛志》(1996) 记为鲋鱼岛。沙泥岛。岸线长 389 米，面积 8 688 平方米，最高点海拔 8 米。

山心沙岛 (Shānxīnshā Dǎo)

北纬 21°35.3′，东经 108°30.9′。位于防城港市港口区企沙镇海域，距大陆最近点 340 米。该岛由沙堆积而成，故名。沙泥岛。岸线长 1.04 千米，面积 0.042 7 平方千米，最高点海拔 18 米。

沙耙墩 (Shāpá Dūn)

北纬 21°34.4′，东经 108°29.0′。位于防城港市港口区企沙镇海域，距大陆最近点 400 米。因岛形似沙耙而得名。《中国海域地名志》(1989)、《广西海域地名志》(1992) 均记为沙耙墩。基岩岛。岸线长 2.69 千米，面积 0.172 8

平方千米，最高点海拔 13.9 米。岛上建有虾塘，虾塘附近有简易住房。岛北部有一码头与大陆相连，周边有 1 个雷达站。岛上有电线杆拉电设备，架空电缆大陆引电，水为自打井水。

圆独墩岛 (Yuándúdūn Dǎo)

北纬 21°34.2′，东经 108°27.5′。位于防城港市港口区企沙镇海域，距大陆最近点 80 米。曾名独墩。因岛形接近圆形，且四周没有其他海岛，得名圆独墩岛。基岩岛。岸线长 177 米，面积 2 047 平方米，最高点海拔 3.6 米。长有乔木。有 1 户人家常住。岛周围建有虾塘。岛上有电线杆拉电设备，架空电缆大陆引电，水为自打井水。

蝴蝶岭 (Húdié Lǐng)

北纬 21°32.9′，东经 108°26.8′。位于防城港市港口区企沙镇海域，距大陆最近点 460 米。因该岛东西两端隆起，中间低平，形似张翅蝴蝶，故名。《中国海域地名志》（1989）、《广西海域地名志》（1992）、《广西海岛志》（1996）均记为蝴蝶岭。基岩岛。岸线长 996 米，面积 0.058 5 平方千米，最高点海拔 26.4 米。岛西北有蝴蝶岭西沥、蔬菜沥两个港湾。在西沥有拆船厂。

蝴蝶墩 (Húdié Dūn)

北纬 21°32.8′，东经 108°26.9′。位于防城港市港口区企沙镇海域，距大陆最近点 660 米。该岛位于蝴蝶岭旁边，且比蝴蝶岭面积小，故名。基岩岛。岸线长 99 米，面积 631 平方米，最高点海拔 3.8 米。岛上长有灌木。

防城龟墩 (Fángchéng Guīdūn)

北纬 21°51.6′，东经 108°27.4′。位于防城港市防城区光坡镇海域，距大陆最近点 40 米。因岛形似乌龟得名龟墩。《中国海域地名志》（1989）、《广西海岛志》（1996）均记为龟墩。因省内重名，且位于防城港市，第二次全国海域地名普查时更为今名。基岩岛。岸线长 499 米，面积 0.015 5 平方千米。岛上植被茂盛，种有人工林。

鲈鱼岛 (Lúyú Dǎo)

北纬 21°50.1′，东经 108°28.4′。位于防城港市防城区茅岭乡海域，距大陆最近点 50 米。因位于鲈鱼村附近而得名。基岩岛。岸线长 125 米，面积 1 115 平方米。岛上植被茂盛，种有人工林。建有虾塘，虾塘附近有简易住房。

茅岭大墩 (Máolǐng Dàdūn)

北纬 21°49.6′，东经 108°28.3′。位于防城港市防城区茅岭乡海域，距大陆最近点 80 米。因该岛位于茅岭乡附近海域，面积较大，故名。基岩岛。岸线长 796 米，面积 0.025 9 平方千米。岛上建有虾塘，虾塘附近有简易住房。有电线杆拉电设备，架空电缆大陆引电。

大茅岭 (Dàmáo Lǐng)

北纬 21°49.5′，东经 108°28.9′。位于防城港市防城区茅岭乡海域，距大陆最近点 30 米。该岛位于茅岭江一侧，面积较大，故名。基岩岛。岸线长 7.96 千米，面积 1.398 1 平方千米，最高点海拔 20 米。岛上种有人工林，临海湾部分有大片红树林。岛上有两条水泥路。建有虾塘，虾塘附近建有简易住房。有电线杆拉电设备，架空电缆大陆引电。

杏仁岛 (Xìngrén Dǎo)

北纬 21°49.5′，东经 108°29.6′。位于防城港市防城区茅岭乡海域，距大陆最近点 710 米。因岛形似杏仁而得名。基岩岛。岸线长 132 米，面积 1 074 平方米，最高点海拔 5.7 米。岛上长有草丛和灌木。

一担泥 (Yīdànní)

北纬 21°49.3′，东经 108°29.8′。位于防城港市防城区茅岭乡海域，距大陆最近点 500 米。因该岛面积较小，形似肩挑的一担泥，故名。《中国海域地名志》（1989）、《广西海岛志》（1996）记为一担泥。基岩岛。岸线长 141 米，面积 897 平方米，最高点海拔 5.2 米。岛上长有草丛和灌木。

米缸墩岛 (Mǐgāngdūn Dǎo)

北纬 21°49.1′，东经 108°30.0′。位于防城港市防城区茅岭乡海域，距大陆最近点 230 米。因岛形似米缸，得名米缸墩岛。又岛上有人经常在此晒网，曾名晒网墩。《中国海域地名志》（1989）、《广西海岛志》（1996）均记为米缸墩岛。基岩岛。岸线长 131 米，面积 1 090 平方米，最高点海拔 3.2 米。

笼墩岛 (Lóngdūn Dǎo)

北纬 21°49.0′，东经 108°30.1′。位于防城港市防城区茅岭乡海域，距大陆最近点 240 米。因岛形似鸟笼，第二次全国海域地名普查时命名为笼墩岛。基岩岛。岸线长 49 米，面积 82 平方米，最高点海拔 1.1 米。岛上长有草丛和灌木。

大笼墩岛 (Dàlóngdūn Dǎo)

北纬 21°49.0′，东经 108°30.0′。位于防城港市防城区茅岭乡海域，距大陆最近点 80 米。因位于笼墩附近，且相比笼墩面积大，第二次全国海域地名普查时命今名。基岩岛。岸线长 135 米，面积 963 平方米，最高点海拔 4.8 米。岛上建有虾塘，虾塘附近有简易住房。有电线杆拉电设备，架空电缆大陆引电。

有计墩 (Yǒujì Dūn)

北纬 21°48.6′，东经 108°30.3′。位于防城港市防城区茅岭乡海域，距大陆最近点 130 米。位于有计岭旁边，且岛体较小，故名。基岩岛。岸线长 135 米，面积 1 296 平方米，最高点海拔 4.6 米。岛上长有草丛和灌木。

防城红沙墩 (Fángchéng Hóngshā Dūn)

北纬 21°48.2′，东经 108°30.3′。位于防城港市防城区茅岭乡海域，距大陆最近点 160 米。因岛上有沙石呈红色，当地群众惯称红沙墩。因省内重名，位于防城港市，第二次全国海域地名普查时更为今名。基岩岛。岸线长 103 米，面积 786 平方米，最高点海拔 5.4 米。岛上长有草丛和灌木。

伯寮墩 (Bóliáo Dūn)

北纬 21°48.0′，东经 108°30.4′。位于防城港市防城区茅岭乡海域，距大陆最近点 180 米。因位于伯寮村附近而得名。基岩岛。岸线长 72 米，面积 260 平方米，最高点海拔 3 米。岛上长有草丛和灌木。建有虾塘，虾塘附近有简易住房。有电线杆拉电设备，架空电缆大陆引电。

跳鱼墩 (Tiàoyú Dūn)

北纬 21°47.9′，东经 108°30.4′。位于防城港市防城区茅岭乡海域，距大陆最近点 90 米。因该岛周围海域有很多跳鱼而得名。《中国海域地名志》（1989）、《广西海岛志》（1996）均记为跳鱼墩。基岩岛。岸线长 213 米，面积 2 445 平方米,最高点海拔 2 米。岛上建有虾塘,虾塘附近有简易住房。有电线杆拉电设备,架空电缆大陆引电。

公坟墩 (Gōngfén Dūn)

北纬 21°47.8′,东经 108°30.3′。位于防城港市防城区茅岭乡海域,距大陆最近点 60 米。因岛上有一座坟而得名。基岩岛。岸线长 413 米,面积 0.011 1 平方千米,最高点海拔 8.7 米。岛上建有虾塘,虾塘附近有简易住房。有自主发电设备,主要供虾塘养虾使用。

光彩墩 (Guāngcǎi Dūn)

北纬 21°47.8′,东经 108°30.3′。位于防城港市防城区茅岭乡海域,距大陆最近点 230 米。传说有人在岛上多次看到过彩虹,故名。《中国海域地名志》(1989)、《广西海岛志》(1996)均记为光彩墩。基岩岛。岸线长 129 米,面积 1 128 平方米,最高点海拔 3 米。长有草丛。岛上建有虾塘,虾塘附近有简易住房。有小型发电设备。

乌山墩 (Wūshān Dūn)

北纬 21°47.7′,东经 108°30.4′。位于防城港市防城区茅岭乡海域,距大陆最近点 320 米。因位于乌山附近而得名。基岩岛。岸线长 307 米,面积 5 820 平方米,最高点海拔 7.4 米。长有草丛、灌木。岛上建有虾塘,虾塘附近有简易住房。有电线杆拉电设备,架空电缆大陆引电。

东江口墩岛 (Dōngjiāngkǒudūn Dǎo)

北纬 21°47.6′,东经 108°30.3′。位于防城港市防城区茅岭乡海域,距大陆最近点 260 米。因位于江河的出口,且相对西江口墩位置偏东,第二次全国海域地名普查时命今名。基岩岛。岸线长 122 米,面积 1 083 平方米。岛上长有草丛、灌木。周围皆开发为虾塘。

西江口墩 (Xījiāngkǒu Dūn)

北纬 21°47.6′,东经 108°30.2′。位于防城港市防城区茅岭乡海域,距大陆最近点 190 米。因位于一条江河的出口,且相对东江口墩岛位置偏西,故名。基岩岛。岸线长 156 米,面积 1 768 平方米。岛上长有草丛、灌木。建有虾塘,虾塘附近有简易住房。

马鞍墩岛 (Mǎ'āndūn Dǎo)

北纬 21°47.6′，东经 108°30.3′。位于防城港市防城区茅岭乡海域，距大陆最近点 190 米。因岛两边高，中间低，形似马鞍，故名。基岩岛。岸线长 418 米，面积 3 690 平方米，最高点海拔 4.6 米。岛上建有虾塘，虾塘附近有简易住房。有电线杆拉电设备，架空电缆大陆引电。

大塘蚝场 (Dàtánghǎochǎng)

北纬 21°47.3′，东经 108°30.5′。位于防城港市防城区茅岭乡海域，距大陆最近点 100 米。因岛上有一个加工大蚝的场地而得名。《中国海域地名志》（1989）、《广西海岛志》（1996）均记为大塘蚝场。基岩岛。岸线长 252 米，面积 3 069 平方米，最高点海拔 5.4 米。岛上有 7 ~ 8 户居民、共约 30 人常住。岛上建有蚝场，有一条水泥路与大陆相连。

薄寮南墩岛 (Báoliáo Nándūn Dǎo)

北纬 21°47.0′，东经 108°30.5′。位于防城港市防城区茅岭乡海域，距大陆最近点 50 米。因位于薄寮村南侧，第二次全国海域地名普查时命今名。基岩岛。岸线长 292 米，面积 4 648 平方米，最高点海拔 5.5 米。岛上建有虾塘，虾塘附近有简易住房。有电线杆拉电设备，架空电缆大陆引电。

中间墩岛 (Zhōngjiāndūn Dǎo)

北纬 21°46.7′，东经 108°30.8′。位于防城港市防城区茅岭乡海域，距大陆最近点 150 米。因位于蛇墩和黄竹墩中间而得名。《中国海域地名志》（1989）、《广西海域地名志》（1992）、《广西海岛志》（1996）均记为中间墩岛。基岩岛。岸线长 273 米，面积 3 232 平方米，最高点海拔 6.5 米。岛周围建有虾塘。

蛇墩 (Shé Dūn)

北纬 21°46.6′，东经 108°30.8′。位于防城港市防城区茅岭乡海域，距大陆最近点 150 米。岛上经常有蛇出没，故名。基岩岛。岸线长 234 米，面积 2 479 平方米，最高点海拔 2.6 米。岛上建有虾塘，虾塘附近有简易住房。有电线杆拉电设备，架空电缆大陆引电。

生角口石 (Shēngjiǎokǒu Shí)

北纬 21°46.5′，东经 108°30.9′。位于防城港市防城区茅岭乡海域，距大陆最近点 380 米。因岛上石头零乱，形状像长角，故名。又因其形似辣椒，曾名辣椒墩。《中国海域地名志》（1989）、《广西海岛志》（1996）均记为生角口石。基岩岛。岸线长 120 米，面积 1 002 平方米，最高点海拔 3.4 米。

漩涡壳墩 (Xuánwōké Dūn)

北纬 21°46.4′，东经 108°30.6′。位于防城港市防城区茅岭乡海域，距大陆最近点 50 米。因岛形似漩涡形的海螺而得名。《中国海域地名志》（1989）、《广西海岛志》（1996）均记为漩涡壳墩。基岩岛。岸线长 116 米，面积 987 平方米，最高点海拔 3.6 米。岛上建有虾塘，虾塘附近有简易住房。有电线杆拉电设备，架空电缆大陆引电。

狗尾墩 (Gǒuwěi Dūn)

北纬 21°46.3′，东经 108°30.9′。位于防城港市防城区茅岭乡海域，距大陆最近点 420 米。因岛略呈椭圆形，西北端大，东南端小，像狗拖着一条尾巴，故名。《中国海域地名志》（1989）、《广西海域地名志》（1992）、《广西海岛志》（1996）均记为狗尾墩。基岩岛。岸线长 289 米，面积 4 532 平方米，最高点海拔 5.6 米。岛上建有虾塘，虾塘附近有简易住房。有电线杆拉电设备，架空电缆大陆引电。

坪墩 (Píng Dūn)

北纬 21°46.1′，东经 108°30.8′。位于防城港市防城区茅岭乡海域，距大陆最近点 300 米。因岛上有小块草坪而得名。基岩岛。岸线长 100 米，面积 739 平方米。岛上植被茂盛，种有人工林。岛上建有虾塘，虾塘附近有简易住房。有电线杆拉电设备，架空电缆大陆引电。

针鱼北墩岛 (Zhēnyú Běidūn Dǎo)

北纬 21°41.3′，东经 108°19.8′。位于防城港市防城区江山乡海域，距大陆最近点 100 米。因该岛位于针鱼岭北侧，第二次全国海域地名普查时命今名。基岩岛。岸线长 329 米，面积 4 766 平方米，最高点海拔 4.8 米。岛上建有虾塘，虾塘附近有简易住房。有电线杆拉电设备，架空电缆大陆引电。

针鱼岭 (Zhēnyú Lǐng)

北纬 21°40.8′，东经 108°20.0′。位于防城港市防城区江山乡海域，距大陆最近点 120 米。因岛北端突起一山岭形似针鱼，故名。《中国海域地名志》（1989）、《广西海域地名志》（1992）、《广西海岛志》（1996）均记为针鱼岭。基岩岛。岸线长 7.03 千米，面积 0.866 5 平方千米，最高点海拔 20 米。有居民海岛，2011 年户籍人口 715 人。岛上建有数间民房，有居民常住。岛周围建有大片虾塘。有石子路与陆地相连，可通车。有电线杆拉电设备，架空电缆大陆引电。

长榄岛 (Chánglǎn Dǎo)

北纬 21°40.3′，东经 108°19.9′。位于防城港市防城区江山乡海域，距大陆最近点 1.15 千米。岛呈狭长条形，在红榄树包围中，故名。《中国海域地名志》（1989）、《广西海域地名志》（1992）、《广西海岛志》（1996）均记为长榄岛。基岩岛。岸线长 5.12 千米，面积 0.393 6 平方千米，最高点海拔 5.6 米。有居民海岛，2011 年户籍人口 563 人。岛周围建有虾塘，虾塘附近有渔业用房数间。有电线杆拉电设备，架空电缆大陆引电。

白鹤墩 (Báihè Dūn)

北纬 21°35.4′，东经 108°14.9′。位于防城港市防城区江山乡海域，距大陆最近点 240 米。因岛上常栖息大批白鹤而得名。基岩岛。岸线长 63 米，面积 234 平方米，最高点海拔 2.3 米。岛上长有灌木。

红石墩岛 (Hóngshídūn Dǎo)

北纬 21°35.4′，东经 108°14.8′。位于防城港市防城区江山乡海域，距大陆最近点 800 米。因岛上岩石为红色，第二次全国海域地名普查时命今名。基岩岛。岸线长 160 米，面积 1 837 平方米，最高点海拔 1.4 米。岛上植被茂盛。

防城港独山 (Fángchénggǎng Dúshān)

北纬 21°35.2′，东经 108°16.0′。位于防城港市防城区江山乡海域，距大陆最近点 120 米。因海岛附近没有小岛和小墩，独此一个山头，得名独山。《中国海域地名志》（1989）、《广西海域地名志》（1992）记为独山。因省内重名，且位于防城港市，第二次全国海域地名普查时更为今名。基岩岛。岸线长 293 米，面积 5 972 平方米，最高点海拔 8.7 米。岛上建有虾塘，虾塘附近有简易住房。有电线杆拉电设备，架空电缆大陆引电。

棺材墩 (Guāncai Dūn)

北纬 21°35.1′，东经 108°15.4′。位于防城港市防城区江山乡海域，距大陆最近点 360 米。以岛形似棺材而得名。《中国海域地名志》（1989）、《广西海岛志》（1996）均记为棺材墩。基岩岛。岸线长 99 米，面积 649 平方米，最高点海拔 3.9 米。岛上长有草丛和灌木。

狮阳岛 (Shīyáng Dǎo)

北纬 21°35.1′，东经 108°15.2′。位于防城港市防城区江山乡海域，距大陆最近点 500 米。岛形似卧着的狮子在晒太阳，故名。《中国海域地名志》（1989）、《广西海岛志》（1996）均记为狮阳岛。基岩岛。岸线长 229 米，面积 2 803 平方米，最高点海拔 4.3 米。岛上长有草丛和灌木。

大黄竹墩岛 (Dàhuángzhúdūn Dǎo)

北纬 21°35.0′，东经 108°15.7′。位于防城港市防城区江山乡海域，距大陆最近点 230 米。因岛上盛产黄竹且面积较大，故名。《广西海岛志》（1996）记为大黄竹墩岛。基岩岛。岸线长 141 米，面积 1 170 平方米，最高点海拔 7 米。岛上长有灌木。

大黄竹墩 (Dàhuángzhú Dūn)

北纬 21°35.0′，东经 108°15.9′。位于防城港市防城区江山乡海域，距大陆最近点 120 米。因岛上曾盛长大量黄竹，故名。《中国海域地名志》（1989）、《广西海域地名志》（1992）均记为大黄竹墩。基岩岛。岸线长 355 米，面积 6 096 平方米，最高点海拔 6.7 米。岛上建有虾塘，虾塘附近有渔业用房 1 间。有电线杆拉电设备，架空电缆大陆引电。

沙螺墩 (Shāluó Dūn)

北纬 21°34.9′，东经 108°15.3′。位于防城港市防城区江山乡海域，距大陆最近点 210 米。因岛上盛产沙螺而得名。《中国海域地名志》（1989）、《广西海岛志》（1996）均记为沙螺墩。基岩岛。岸线长 152 米，面积 1 714 平方米，最高点海拔 7.8 米。岛上长有灌木。

小狗仔墩 (Xiǎogǒuzǎi Dūn)

北纬 21°34.9′，东经 108°15.0′。位于防城港市防城区江山乡海域，距大陆最近点 650 米。以岛形似小狗而得名。基岩岛。岸线长 113 米，面积 878 平方米，最高点海拔 5.6 米。岛上长有灌木。

黄竹墩仔岛 (Huángzhúdūnzǎi Dǎo)

北纬 21°34.9′，东经 108°15.7′。位于防城港市防城区江山乡海域，距大陆最近点 30 米。因该岛位于大黄竹墩旁边，且岛体很小，第二次全国海域地名普查时命今名。基岩岛。岸线长 160 米，面积 1 767 平方米，最高点海拔 1.2 米。岛上长有灌木。

白马墩 (Báimǎ Dūn)

北纬 21°34.9′，东经 108°14.9′。位于防城港市防城区江山乡海域，距大陆最近点 810 米。因岛形似马，春天岛上开遍白花，远看似一匹白马，故名。《中国海域地名志》（1989）、《广西海域地名志》（1992）、《广西海岛志》（1996）均记为白马墩。基岩岛。岸线长 451 米，面积 0.011 5 平方米，最高点海拔 15.3 米。

白马墩尾 (Báimǎdūnwěi)

北纬 21°34.8′，东经 108°14.9′。位于防城港市防城区江山乡海域，距大陆最近点 790 米。因该岛位于白马墩岛的尾部（东南），故名。《中国海域地名志》（1989）、《广西海域地名志》（1992）、《广西海岛志》（1996）均记为白马墩尾。基岩岛。岸线长 133 米，面积 1 287 平方米，最高点海拔 7 米。岛上长有灌木。

尽尾墩 (Jìnwěi Dūn)

北纬 21°34.7′，东经 108°14.8′。位于防城港市防城区江山乡海域，距大陆最近点 880 米。因该岛是江山乡新基村最尾部（南）的一个岛，故名。《中国海域地名志》（1989）、《广西海域地名志》（1992）、《广西海岛志》（1996）均记为尽尾墩。基岩岛。岸线长 169 米，面积 1 136 平方米，最高点海拔 6.5 米。岛上长有草丛和灌木。

北蚊虫墩岛 (Běiwénchóngdūn Dǎo)

北纬 21°33.9′，东经 108°15.0′。位于防城港市防城区江山乡海域，距大陆最近点 80 米。因岛上蚊虫多而得名。《中国海域地名志》(1989)、《广西海岛志》(1996) 均记为蚊虫墩。因省内重名，以其位于蚊虫墩北面，第二次全国海域地名普查时更为今名。基岩岛。岸线长 201 米，面积 2 973 平方米，最高点海拔 5 米。岛上植被茂盛，种有人工林。

小蚊虫墩岛 (Xiǎowénchóngdūn Dǎo)

北纬 21°33.9′，东经 108°14.7′。位于防城港市防城区江山乡海域，距大陆最近点 370 米。因该岛位于蚊虫墩旁边，且面积比蚊虫墩小，第二次全国海域地名普查时命今名。基岩岛。岸线长 173 米，面积 1 767 平方米。

沥茶港口墩 (Wànchá Gǎngkǒu Dūn)

北纬 21°33.6′，东经 108°14.9′。位于防城港市防城区江山乡海域，距大陆最近点 80 米。因位于沥茶港口而得名。《中国海域地名志》(1989)、《广西海域地名志》(1992)、《广西海岛志》(1996) 均记为沥茶港口墩。基岩岛。岸线长 177 米，面积 1 433 平方米，最高点海拔 4 米。

蚊虫墩 (Wénchóng Dūn)

北纬 21°33.1′，东经 108°14.7′。位于防城港市防城区江山乡海域，距大陆最近点 40 米。因岛上蚊虫多而得名。《中国海域地名志》(1989)、《广西海域地名志》(1992)、《广西海岛志》(1996) 均记为蚊虫墩。基岩岛。岸线长 189 米，面积 2 023 平方米，最高点海拔 17 米。岛上建有虾塘，虾塘附近有简易住房。有电线杆拉电设备，架空电缆大陆引电。

港口墩 (Gǎngkǒu Dūn)

北纬 21°33.1′，东经 108°14.8′。位于防城港市防城区江山乡海域，距大陆最近点 120 米。因位于港口中间而得名。基岩岛。岸线长 189 米，面积 1 977 平方米，最高点海拔 10 米。长有灌木和乔木。岛上建有虾塘，虾塘附近有简易住房。有电线杆拉电设备，架空电缆大陆引电。

双墩码头岛 (Shuāngdūn Mǎtóu Dǎo)

北纬 21°32.5′，东经 108°14.5′。位于防城港市防城区江山乡海域，距大陆最近点 50 米。因该岛位于双墩附近，且靠近码头，第二次全国海域地名普查时命今名。基岩岛。岸线长 438 米，面积 7 129 平方米，最高点海拔 12 米。长有草丛和灌木。岛上建有虾塘，虾塘附近有简易住房。有电线杆拉电设备，架空电缆大陆引电。

蛤墩 (Há Dūn)

北纬 21°32.3′，东经 108°14.1′。位于防城港市防城区江山乡海域，距大陆最近点 160 米。因岛形似蛤（青蛙）而得名。《中国海域地名志》（1989）、《广西海域地名志》（1992）、《广西海岛志》（1996）均记为蛤墩。基岩岛。岸线长 632 米，面积 0.024 3 平方千米，最高点海拔 12 米。岛上植被茂盛，种有人工林。建有虾塘，虾塘附近有简易住房。有电线杆拉电设备，架空电缆大陆引电。

正金墩 (Zhèngjīn Dūn)

北纬 21°31.8′，东经 108°15.7′。位于防城港市防城区江山乡海域，距大陆最近点 160 米。因该岛处于渔港正中，传说有人在岛上埋过黄金而得名。《中国海域地名志》（1989）、《广西海岛志》（1996）均记为正金墩。基岩岛。岸线长 632 米，面积 0.024 3 平方千米，最高点海拔 12 米。岛上建有一珍珠养殖场，附近有简易住房。有电线杆拉电设备，架空电缆大陆引电，有淡水井一口。

乱石墩岛 (Luànshídūn Dǎo)

北纬 21°31.2′，东经 108°13.3′。位于防城港市防城区江山乡海域，距大陆最近点 320 米。因岛上乱石成堆，第二次全国海域地名普查时命名为乱石墩岛。基岩岛。岸线长 256 米，面积 3 067 平方米，最高点海拔 2.4 米。无植被。

供墩岛 (Gòngdūn Dǎo)

北纬 21°31.2′，东经 108°13.4′。位于防城港市防城区江山乡海域，距大陆最近点 110 米。因该岛位于香炉墩前面，第二次全国海域地名普查时命名为供墩岛。基岩岛。岸线长 148 米，面积 1 478 平方米，最高点海拔 4.8 米。岛上长有草丛和灌木。

珠墩岛 (Zhūdūn Dǎo)

北纬 21°31.2′，东经 108°13.3′。位于防城港市防城区江山乡海域，距大陆最近点 230 米。因岛形似珍珠，第二次全国海域地名普查时命名为珠墩岛。基岩岛。岸线长 115 米，面积 714 平方米，最高点海拔 1.8 米。岛上长有灌木。

北香炉墩岛 (Běixiānglúdūn Dǎo)

北纬 21°31.1′，东经 108°13.4′。位于防城港市防城区江山乡海域，距大陆最近点 120 米。第二次全国海域地名普查时命今名。基岩岛。岸线长 118 米，面积 922 平方米，最高点海拔 3.5 米。岛上长有灌木和乔木。

马鞍墩 (Mǎ'ān Dūn)

北纬 21°31.0′，东经 108°13.2′。位于防城港市防城区江山乡海域，距大陆最近点 90 米。因海岛中间低，两头高，形似马鞍，故名。基岩岛。岸线长 708 米，面积 0.020 2 平方千米，最高点海拔 10.5 米。岛上长有草丛和灌木。建有虾塘，虾塘附近有简易住房。岛东面有一条水泥路与陆地相连。有电线杆拉电设备，架空电缆大陆引电。

香炉小墩岛 (Xiānglú Xiǎodūn Dǎo)

北纬 21°31.0′，东经 108°13.4′。位于防城港市防城区江山乡海域，距大陆最近点 30 米。第二次全国海域地名普查时命今名。基岩岛。岸线长 59 米，面积 212 平方米，最高点海拔 2.1 米。岛上长有草丛和灌木。

尖山大墩岛 (Jiānshān Dàdūn Dǎo)

北纬 21°32.9′，东经 108°01.6′。位于防城港市东兴市东兴镇海域，距大陆最近点 70 米。因该岛位于东兴镇尖山村，面积较大，第二次全国海域地名普查时命今名。基岩岛。岸线长 777 米，面积 0.016 9 平方千米。岛上长有灌木。

尖山小墩岛 (Jiānshān Xiǎodūn Dǎo)

北纬 21°32.9′，东经 108°02.0′。位于防城港市东兴市东兴镇海域，距大陆最近点 110 米。因该岛位于东兴镇尖山村，面积较小，第二次全国海域地名普查时命今名。基岩岛。岸线长 97 米，面积 569 平方米，最高点海拔 2.3 米。岛上长有灌木。

独墩 (Dú Dūn)

北纬 21°32.9′，东经 108°00.6′。位于防城港市东兴市东兴镇海域，距大陆最近点 80 米。因该岛周围没有其他海岛，独此一个，故名。《中国海域地名志》（1989）、《广西海岛志》（1996）均记为独墩。沙泥岛。岸线长 2.49 千米，面积 0.122 1 平方千米，最高点海拔 28 米。岛上长有草丛和灌木。建有虾塘，虾塘附近有简易住房。有电线杆拉电设备，架空电缆大陆引电。岛上有一个国界碑。

石江墩 (Shíjiāng Dūn)

北纬 21°53.1′，东经 108°37.6′。位于钦州市钦南区大番坡镇海域，距大陆最近点 90 米。因该岛位于石江村附近而得名。基岩岛。岸线长 1.76 千米，面积 0.141 3 平方千米。岛上植被茂盛。

三墩 (Sān Dūn)

北纬 21°53.0′，东经 108°27.9′。位于钦州市钦南区康熙岭镇海域，距大陆最近点 180 米。岛上有三个山头相连，故名。基岩岛。岸线长 1.67 千米，面积 0.135 7 平方千米。岛上建有虾塘，虾塘附近有简易住房。有电线杆拉电设备。

大生鸡墩 (Dàshēngjī Dūn)

北纬 21°52.8′，东经 108°27.7′。位于钦州市钦南区康熙岭镇海域，距大陆最近点 70 米。因岛上山头形状似鸡，故名。《中国海域地名志》（1989）、《广西海岛志》（1996）均记为大生鸡墩。基岩岛。岸线长 1.07 千米，面积 0.062 2 平方千米。岛上建有虾塘，虾塘附近有简易住房。有电线杆拉电设备，架空电缆大陆引电。

沙井岛 (Shājǐng Dǎo)

北纬 21°52.3′，东经 108°35.9′。位于钦州市钦南区海域，距大陆最近点 110 米。因该岛位于沙井村附近，故名。《中国海域地名志》（1989）、《广西海岛志》（1996）均记为沙井岛。基岩岛。岸线长 23.07 千米，面积 11.914 3 平方千米，最高点海拔 8.9 米。有居民海岛，2011 年户籍人口 5 168 人。有瓦径大桥与大陆相连，岛上公路四通八达，交通便利。有 1 个码头，1 个作业区，码头附近有 1 个仓库。岛周围海域有大片蚝排养殖。

挖沙墩 (Wāshā Dūn)

北纬 21°52.3′，东经 108°27.4′。位于钦州市钦南区康熙岭镇海域，距大陆最近点 280 米。因该岛附近经常有人挖沙，故名。基岩岛。岸线长 527 米，面积 0.015 8 平方千米，最高点海拔 12.4 米。岛上建有虾塘，虾塘附近有简易住房。有电线杆拉电设备，架空电缆大陆引电。

打铁墩 (Dǎtiě Dūn)

北纬 21°52.2′，东经 108°27.5′。位于钦州市钦南区康熙岭镇海域，距大陆最近点 260 米。因曾有人在岛上打铁，故名。基岩岛。岸线长 924 米，面积 0.039 7 平方千米。岛上建有虾塘，虾塘附近有简易住房。有电线杆拉电设备，架空电缆大陆引电。

团和 (Tuánhé)

北纬 21°51.6′，东经 108°28.5′。位于钦州市钦南区康熙岭镇海域，距大陆最近点 30 米。因岛上的团和村而得名。《中国海域地名志》（1989）、《广西海岛志》（1996）均记为中间村。当地人惯称团和。基岩岛。岸线长 12.83 千米，面积 7.785 2 平方千米，最高点海拔 2.4 米。有居民海岛，2011 年户籍人口 2 127 人。岛周围建有虾塘。岛上有电线杆拉电设备，架空电缆大陆引电。

亚公角岛 (Yàgōngjiǎo Dǎo)

北纬 21°50.7′，东经 108°35.2′。位于钦州市钦南区大番坡镇海域，距大陆最近点 1.9 千米。因岛上角落曾立有土地公，故名。《中国海域地名志》（1989）、《广西海域地名志》（1992）、《广西海岛志》（1996）均记为亚公角岛。基岩岛。岸线长 1.26 千米，面积 0.044 3 平方千米。岛上建有虾塘，虾塘附近有简易住房。有电线杆拉电设备，架空电缆大陆引电。

独山背岛 (Dúshānbèi Dǎo)

北纬 21°50.7′，东经 108°36.5′。位于钦州市钦南区大番坡镇海域，距大陆最近点 210 米。因该岛是江口村背后独一的海岛，故名。《中国海域地名志》（1989）、《广西海岛志》（1996）均记为独山背岛。基岩岛。岸线长 367 米，面积 8 551 平方米。

红薯岛 (Hóngshǔ Dǎo)

北纬 21°50.6′，东经 108°48.2′。位于钦州市钦南区东场镇海域，距大陆最近点 40 米。因岛形似红薯，第二次全国海域地名普查时命名为红薯岛。基岩岛。岸线长 637 米，面积 0.014 8 平方千米。岛上植被茂盛，种有人工林。建有虾塘，虾塘附近有简易住房。有电线杆拉电设备，架空电缆大陆引电。

瓦窑墩 (Wǎyáo Dūn)

北纬 21°50.6′，东经 108°36.6′。位于钦州市钦南区大番坡镇海域，距大陆最近点 40 米。因岛上建有瓦窑而得名。《中国海域地名志》（1989）、《广西海岛志》（1996）均记为瓦窑墩。基岩岛。岸线长 231 米，面积 3 802 平方米，最高点海拔 4.2 米。岛上建有虾塘，虾塘附近有简易住房，有晒谷场、简易道路等设施。有电线杆拉电设备，架空电缆大陆引电。

北鸡窑岛 (Běijīyáo Dǎo)

北纬 21°50.4′，东经 108°36.5′。位于钦州市钦南区大番坡镇海域，距大陆最近点 80 米。因该岛靠近北鸡沟，且岛上建有瓦窑，故名。《中国海域地名志》（1989）、《广西海岛志》（1996）均记为北鸡窑岛。基岩岛。岸线长 339 米，面积 0.014 8 平方千米，最高点海拔 10.2 米。岛上建有虾塘，虾塘附近有简易住房。

马鞍岭 (Mǎ'ān Lǐng)

北纬 21°50.4′，东经 108°36.4′。位于钦州市钦南区大番坡镇海域，距大陆最近点 120 米。以岛形似马鞍得名。《中国海域地名志》（1989）、《广西海岛志》（1996）均记为马鞍岭。基岩岛。岸线长 483 米，面积 0.011 5 平方千米，最高点海拔 10.1 米。岛上建有虾塘。有电线杆拉电设备，架空电缆大陆引电。

鲎壳墩 (Hòuké Dūn)

北纬 21°50.4′，东经 108°36.3′。位于钦州市钦南区大番坡镇海域，距大陆最近点 210 米。以岛形似鲎壳得名。《中国海域地名志》（1989）、《广西海岛志》（1996）均记为鲎壳墩。基岩岛。岸线长 244 米，面积 0.014 8 平方千米，最高点海拔 6.1 米。渔民在岛周围建有虾塘。

番桃岛 (Fāntáo Dǎo)

北纬 21°50.3′，东经 108°48.2′。位于钦州市钦南区东场镇海域，距大陆最近点 110 米。因海岛形似番桃，第二次全国海域地名普查时命名为番桃岛。基岩岛。岸线长 450 米，面积 0.012 6 平方千米，最高点海拔 8.6 米。岛上建有虾塘，虾塘附近有简易住房。有电线杆拉电设备，架空电缆大陆引电。

桃心岛 (Táoxīn Dǎo)

北纬 21°50.0′，东经 108°47.8′。位于钦州市钦南区东场镇海域，距大陆最近点 30 米。因岛形似一个桃心，第二次全国海域地名普查时命名为桃心岛。基岩岛。岸线长 397 米，面积 8 633 平方米，最高点海拔 6.5 米。岛上建有虾塘，虾塘附近有简易住房。有电线杆拉电设备，架空电缆大陆引电。

南坟岛 (Nánfén Dǎo)

北纬 21°50.0′，东经 108°48.6′。位于钦州市钦南区东场镇海域，距大陆最近点 120 米。传说以前该岛南部有一座坟，故名。《中国海域地名志》（1989）、《广西海岛志》（1996）均记为南坟岛。基岩岛。岸线长 219 米，面积 3 645 平方米，最高点海拔 2.6 米。岛上长有灌木、乔木。建有虾塘，虾塘附近有简易住房。有电线杆拉电设备，架空电缆大陆引电。

散墩岛 (Sǎndūn Dǎo)

北纬 21°49.9′，东经 108°48.5′。位于钦州市钦南区东场镇海域，距大陆最近点 160 米。因岛上小石块较多且分散，故名。基岩岛。岸线长 271 米，面积 4 309 平方米，最高点海拔 4.3 米。岛上长有灌木和乔木。建有养殖水塘。有电线杆拉电设备，架空电缆大陆引电。

钦州虾箩墩 (Qīnzhōu Xiāluó Dūn)

北纬 21°49.9′，东经 108°35.9′。位于钦州市钦南区东场镇海域，距大陆最近点 330 米。因岛形似虾箩，得名虾箩墩。《中国海域地名志》（1989）、《广西海岛志》（1996）均记为虾箩墩。因省内重名，且位于钦州市，第二次全国海域地名普查时更为今名。基岩岛。岸线长 233 米，面积 3 642 平方米，最高点海拔 6.3 米。岛上长有灌木和乔木。岛周围建有虾塘。

芒箕墩 (Mángjī Dūn)

北纬 21°49.9′，东经 108°36.1。位于钦州市钦南区大番坡镇海域，距大陆最近点 100 米。因岛形似芒萁，故名。《中国海域地名志》（1989）、《广西海岛志》（1996）均记为芒箕（为芒萁的误用）墩。基岩岛。岸线长 223 米，面积 3 732 平方米，最高点海拔 12.3 米。岛上建有虾塘，虾塘附近有简易住房。有电线杆拉电设备，架空电缆大陆引电。

虾笼岛 (Xiālóng Dǎo)

北纬 21°49.9′，东经 108°47.9′。位于钦州市钦南区东场镇海域，距大陆最近点 80 米。以岛形似虾笼而得名。《中国海域地名志》（1989）、《广西海岛志》（1996）均记为虾笼岛。基岩岛。岸线长 781 米，面积 0.028 1 平方千米，最高点海拔 6.5 米。岛上建有虾塘，虾塘附近有简易住房。

米筒墩岛 (Mǐtǒngdūn Dǎo)

北纬 21°49.9′，东经 108°48.5′。位于钦州市钦南区东场镇海域，距大陆最近点 60 米。因岛形似米筒而得名。基岩岛。岸线长 298 米，面积 6 078 平方米，最高点海拔 3.4 米。长有灌木和乔木。岛上建有虾塘，虾塘附近有简易住房。有电线杆拉电设备，架空电缆大陆引电。

葵子中间墩 (Kuízǐ Zhōngjiān Dūn)

北纬 21°49.8′，东经 108°36.0′。位于钦州市钦南区大番坡镇海域，距大陆最近点 170 米。因位于葵子江中间而得名。《中国海域地名志》（1989）、《广西海岛志》（1996）均记为葵子中间墩。基岩岛。岸线长 189 米，面积 2 592 平方米，最高点海拔 15.2 米。岛上建有虾塘，虾塘附近有简易住房。有电线杆拉电设备，架空电缆大陆引电。

耥耙墩 (Tāngpá Dūn)

北纬 21°49.7′，东经 108°36.0′。位于钦州市钦南区大番坡镇海域，距大陆最近点 60 米。因海岛形似耥耙（一种挖螺工具），故名。《中国海域地名志》（1989）、《广西海岛志》（1996）均记为耥耙墩。基岩岛。岸线长 331 米，面积 6 586 平方米，最高点海拔 8.4 米。

鲎尾墩 (Hòuwěi Dūn)

北纬 21°49.5′，东经 108°35.5′。位于钦州市钦南区大番坡镇海域，距大陆最近点 110 米。以岛形似鲎尾得名。《中国海域地名志》（1989）、《广西海岛志》（1996）均记为鲎尾墩。基岩岛。岸线长 214 米，面积 3 460 平方米，最高点海拔 17.4 米。

四方岛 (Sìfāng Dǎo)

北纬 21°48.9′，东经 108°51.7′。位于钦州市钦南区东场镇海域，距大陆最近点 30 米。因岛呈四方形，第二次全国海域地名普查时命名为四方岛。基岩岛。岸线长 204 米，面积 2 807 平方米，最高点海拔 2.8 米。岛上植被茂盛，种有人工林。

黄皮墩 (Huángpí Dūn)

北纬 21°48.7′，东经 108°49.6′。位于钦州市钦南区东场镇海域，距大陆最近点 90 米。传说以前岛上盛长黄皮树，故名。《中国海域地名志》（1989）、《广西海岛志》（1996）均记为黄皮墩。基岩岛。岸线长 555 米，面积 0.014 5 平方千米，最高点海拔 4.8 米。岛上建有虾塘，虾塘附近有简易住房。有电线杆拉电设备，架空电缆大陆引电。

钓鱼墩 (Diàoyú Dūn)

北纬 21°48.6′，东经 108°49.0′。位于钦州市钦南区东场镇海域，距大陆最近点 80 米。据传以前经常有人在岛上钓鱼，故名。《中国海域地名志》（1989）、《广西海岛志》（1996）记载为钓鱼墩。基岩岛。岸线长 79 米，面积 457 平方米，最高点海拔 1.6 米。

江顶岛 (Jiāngdǐng Dǎo)

北纬 21°48.6′，东经 108°51.5′。位于钦州市钦南区那丽镇海域，距大陆最近点 50 米。因该岛位于大风江的顶部，第二次全国海域地名普查时命名为江顶岛。基岩岛。岸线长 316 米，面积 7 269 平方米。岛上长有草丛和灌木。渔民在岛周围建有虾塘。

牛冠墩岛 (Niúguāndūn Dǎo)

北纬 21°48.6′，东经 108°49.4′。位于钦州市钦南区东场镇海域，距大陆最近点 170 米。因岛形似牛冠（当地俗称牛角为牛冠），第二次全国海域地名普查时命名为牛冠墩岛。基岩岛。岸线长 159 米，面积 1 459 平方米。岛上建有虾塘，虾塘附近有简易住房。

东江顶岛 (Dōngjiāngdǐng Dǎo)

北纬 21°48.5′，东经 108°51.7′。位于钦州市钦南区那丽镇海域，距大陆最近点 30 米。因位于大风江顶部，且在江东面，第二次全国海域地名普查时命名为东江顶岛。基岩岛。岸线长 387 米，面积 0.011 2 平方千米，最高点海拔 19.2 米。建有虾塘，虾塘附近有简易住房。

中江顶岛 (Zhōngjiāngdǐng Dǎo)

北纬 21°48.5′，东经 108°51.6′。位于钦州市钦南区那丽镇海域，距大陆最近点 80 米。因位于大风江顶部且在江中间，第二次全国海域地名普查时命名为中江顶岛。基岩岛。岸线长 295 米，面积 3 633 平方米，最高点海拔 17.2 米。岛上建有虾塘，虾塘附近有简易住房。

东江旁岛 (Dōngjiāngpáng Dǎo)

北纬 21°48.5′，东经 108°51.3′。位于钦州市钦南区那丽镇海域，距大陆最近点 20 米。因位于大风江东北支流且位置靠东，第二次全国海域地名普查时命名为东江旁岛。基岩岛。岸线长 97 米，面积 702 平方米，最高点海拔 5.8 米。岛上植被茂盛，种有人工林。建有虾塘，虾塘附近有简易住房。

西江旁岛 (Xījiāngpáng Dǎo)

北纬 21°48.4′，东经 108°51.3′。位于钦州市钦南区东场镇海域，距大陆最近点 50 米。因位于大风江东北支流且位置靠西，第二次全国海域地名普查时命名为西江旁岛。基岩岛。岸线长 108 米，面积 829 平方米，最高点海拔 6.7 米。岛上植被茂盛，种有人工林。岛周围建有虾塘。

南江顶岛 (Nánjiāngdǐng Dǎo)

北纬 21°48.4′，东经 108°51.6′。位于钦州市钦南区东场镇海域，距大陆最近点 30 米。因位于大风江东北支流顶部且位置靠南，第二次全国海域地名普查时命名为南江顶岛。基岩岛。岸线长 332 米，面积 6 872 平方米，最高点海拔 7.3 米。岛上建有虾塘，虾塘附近有简易住房。有电线杆拉电设备，架空电缆大陆引电。

西风岛 (Xīfēng Dǎo)

北纬 21°48.1′，东经 108°50.9′。位于钦州市钦南区那丽镇海域，距大陆最近点 50 米。因处江口，风较大，且在东风岛以西，第二次全国海域地名普查时命名为西风岛。基岩岛。岸线长 380 米，面积 7 551 平方米。岛上长有草丛和灌木。建有虾塘，虾塘附近有简易住房。有电线杆拉电设备，架空电缆大陆引电。

东风岛 (Dōngfēng Dǎo)

北纬 21°48.1′，东经 108°51.0′。位于钦州市钦南区那丽镇海域，距大陆最近点 80 米。因位于江口，风较大且在西风岛东面，第二次全国海域地名普查时命名为东风岛。基岩岛。岸线长 287 米，面积 3 059 平方米。岛上长有草丛和灌木。

招风墩 (Zhāofēng Dūn)

北纬 21°48.0′，东经 108°50.7′。位于钦州市钦南区东场镇海域，距大陆最近点 70 米。因该岛四面开阔，时常风大，故名。《中国海域地名志》(1989)、《广西海岛志》(1996) 均记为招风墩。基岩岛。岸线长 655 米，面积 0.025 8 平方千米，最高点海拔 22.6 米。岛上建虾塘，虾塘附近有简易住房。有电线杆拉电设备，架空电缆大陆引电。

老鸦墩 (Lǎoyā Dūn)

北纬 21°48.0′，东经 108°50.5′。位于钦州市钦南区那丽镇海域，距大陆最近点 120 米。因岛上常有老鸦经过并在此栖息，故名。《中国海域地名志》(1989)、《广西海域地名志》(1992)、《广西海岛志》(1996) 均记为老鸦墩。基岩岛。岸线长 898 米，面积 0.036 平方千米，最高点海拔 6.3 米。岛上长有灌木和乔木。

东茅墩 (Dōngmáo Dūn)

北纬 21°47.9′，东经 108°33.7′。位于钦州市钦南区海域，距大陆最近点 260 米。因岛上茅草丛生且位于西茅墩东面，故名。《中国海域地名志》(1989)、

《广西海域地名志》（1992）、《广西海岛志》（1996）均记为东茅墩。基岩岛。岸线长 325 米，面积 3 919 平方米，最高点海拔 7.3 米。

虾岭 (Xiā Lǐng)

北纬 21°47.7′，东经 108°33.7′。位于钦州市钦南区海域，距大陆最近点 120 米。以岛形似虾得名。《中国海域地名志》（1989）、《广西海域地名志》（1992）、《广西海岛志》（1996）均记为虾岭。基岩岛。岸线长 456 米，面积 9 593 平方米，最高点海拔 13.2 米。植被茂盛，种有人工林。岛周围建有虾塘。

离不墩岛 (Líbùdūn Dǎo)

北纬 21°47.6′，东经 108°49.2′。位于钦州市钦南区东场镇海域，距大陆最近点 10 米。因该岛较小，且靠近大岛，很难分离，第二次全国海域地名普查时命名为离不墩岛。基岩岛。岸线长 205 米，面积 2 126 平方米，最高点海拔 10.2 米。岛上长有草丛和灌木。建有虾塘，虾塘附近有简易住房。有电线杆拉电设备，架空电缆大陆引电。

大山窖墩岛 (Dàshānjiàodūn Dǎo)

北纬 21°47.6′，东经 108°49.3′。位于钦州市钦南区东场镇海域，距大陆最近点 10 米。因该岛位于大山墩附近，且岛上山石较大，故名。基岩岛。岸线长 629 米，面积 0.022 7 平方千米，最高点海拔 12.7 米。岛上建有虾塘，虾塘附近有简易住房。有电线杆拉电设备，架空电缆大陆引电。

牛头石岛 (Niútóushí Dǎo)

北纬 21°47.6′，东经 108°52.2′。位于钦州市钦南区那丽镇海域，距大陆最近点 60 米。因岛形似牛头，第二次全国海域地名普查时命名为牛头石岛。基岩岛。岸线长 203 米，面积 2 864 平方米。

孔雀山 (Kǒngquè Shān)

北纬 21°47.5′，东经 108°33.5′。位于钦州市钦南区海域，距大陆最近点 140 米。以岛形似孔雀得名。《中国海域地名志》（1989）、《广西海域地名志》（1992）、《广西海岛志》（1996）均记为孔雀山。基岩岛。岸线长 755 米，面积 0.029 2 平方千米，最高点海拔 7.5 米。岛周围建有虾塘。

背风环岛 （Bèifēnghuán Dǎo）

北纬21°47.4′，东经108°33.7′。位于钦州市钦南区海域，距大陆最近点50米。因位于背风环村附近，第二次全国海域地名普查时命名为背风环岛。基岩岛。岸线长151米，面积1 633平方米，最高点海拔4.2米。岛上长有灌木和乔木，种有人工林。建有虾塘，虾塘附近有简易住房。有小型发电设备。

穿牛鼻岭 （Chuānniúbí Lǐng）

北纬21°47.3′，东经108°39.8′。位于钦州市钦南区海域，距大陆最近点40米。因该岛旁边有一条水道叫穿牛鼻沟，故名。《中国海域地名志》（1989）、《广西海岛志》（1996）均记为穿牛鼻岭。基岩岛。岸线长411米，面积0.010 2平方千米。岛上长有草丛和乔木。

蚝壳坪岛 （Háoképíng Dǎo）

北纬21°47.3′，东经108°33.6′。位于钦州市钦南区海域，距大陆最近点340米。因岛顶平坦，常有蚝壳堆积，故名。《中国海域地名志》（1989）、《广西海域地名志》（1992）、《广西海岛志》（1996）均记为蚝壳坪岛。基岩岛。岸线长1.67千米，面积0.077 8平方千米，最高点海拔29.1米。植被茂盛，种有人工林。建有虾塘，虾塘附近有简易住房。

江岔口岛 （Jiāngchàkǒu Dǎo）

北纬21°47.2′，东经108°50.9′。位于钦州市钦南区那丽镇海域，距大陆最近点70米。因位于大风江岔口，第二次全国海域地名普查时命名为江岔口岛。基岩岛。岸线长307米，面积6 799平方米，最高点海拔8.3米。岛上建有虾塘，虾塘附近有简易住房。有电线杆拉电设备，架空电缆大陆引电。

沙子墩 （Shāzi Dūn）

北纬21°47.2′，东经108°33.7′。位于钦州市钦南区海域，距大陆最近点130米。因该岛由两个山头组成，形似两颗沙子，故名。《中国海域地名志》（1989）、《广西海域地名志》（1992）、《广西海岛志》（1996）均记为沙子墩。基岩岛。岸线长524米，面积7 456平方米，最高点海拔9.3米。岛上植被茂盛，种有人工林。建有虾塘，虾塘附近有简易住房。

对面江岭 (Duìmiànjiāng Lǐng)

北纬 21°47.2′，东经 108°33.7′。位于钦州市钦南区海域，距大陆最近点 110 米。因与背风环村隔江相对而得名。《中国海域地名志》（1989）、《广西海域地名志》（1992）、《广西海岛志》（1996）均记为对面江岭。基岩岛。岸线长 859 米，面积 0.029 5 平方千米，最高点海拔 4.5 米。岛上植被茂盛，种有人工林。建有虾塘，虾塘附近有简易住房。有电线杆拉电设备，架空电缆大陆引电。

小夹子岛 (Xiǎojiāzi Dǎo)

北纬 21°47.2′，东经 108°51.7′。位于钦州市钦南区那丽镇海域，距大陆最近点 40 米。因岛形似一个小夹子，第二次全国海域地名普查时命名为小夹子岛。基岩岛。岸线长 318 米，面积 6 812 平方米。岛上长有草丛和灌木。建有虾塘，虾塘附近有简易住房。

土地田岛 (Tǔdìtián Dǎo)

北纬 21°47.1′，东经 108°54.4′。位于钦州市钦南区那丽镇海域，距大陆最近点 70 米。因位于土地田村附近，第二次全国海域地名普查时命名为土地田岛。基岩岛。岸线长 121 米，面积 1 017 平方米，最高点海拔 3.6 米。岛上植被茂盛，种有人工林。

杨梅墩 (Yángméi Dūn)

北纬 21°47.1′，东经 108°33.6′。位于钦州市钦南区海域，距大陆最近点 350 米。因岛上生长杨梅树而得名。《中国海域地名志》（1989）、《广西海域地名志》（1992）、《广西海岛志》（1996）均记为杨梅墩。基岩岛。岸线长 580 米，面积 0.012 4 平方千米，最高点海拔 6.3 米。岛上植被茂盛，种有人工林。建有虾塘，虾塘附近有简易住房。

田口岭 (Tiánkǒu Lǐng)

北纬 21°47.0′，东经 108°33.7′。位于钦州市钦南区海域，距大陆最近点 170 米。曾经有人在岛南面山口造了三块田，故名。《中国海域地名志》（1989）、《广西海域地名志》（1992）、《广西海岛志》（1996）均记为田口岭。基岩岛。岸线长 1.69 千米，面积 0.072 8 平方千米，最高点海拔 28.1 米。岛上长有灌木和乔木。建有虾塘，虾塘附近有简易住房。有电线杆拉电设备，架空电缆大陆引电。

耥箩墩 (Tāngluó Dūn)

北纬 21°47.0′，东经 108°33.5′。位于钦州市钦南区海域，距大陆最近点 690 米。因海岛形似当地一种名曰耥箩的杂渔具，故名耥箩墩。因岛上种满羊不食草，曾名羊不食墩岛。《中国海域地名志》（1989）、《广西海域地名志》（1992）、《广西海岛志》（1996）均记为耥箩墩。基岩岛。岸线长 87 米，面积 573 平方米，最高点海拔 7.6 米。岛上长有灌木。

西坡心岛 (Xīpōxīn Dǎo)

北纬 21°47.0′，东经 108°51.3′。位于钦州市钦南区东场镇海域，距大陆最近点 70 米。因位于坡墩西面，第二次全国海域地名普查时命今名。基岩岛。岸线长 2.93 千米，面积 0.179 7 平方千米，最高点海拔 17.5 米。岛上植被茂盛，种有人工林。建有虾塘，虾塘附近有简易住房。有电线杆拉电设备，架空电缆大陆引电。

茶蓝嘴岛 (Chálánzuǐ Dǎo)

北纬 21°47.0′，东经 108°33.3′。位于钦州市钦南区海域，距大陆最近点 970 米。因海岛形似一茶蓝，故名。《中国海域地名志》（1989）、《广西海域地名志》（1992）、《广西海岛志》（1996）均记为茶蓝嘴岛。基岩岛。岸线长 232 米，面积 3 545 平方米，最高点海拔 13.8 米。岛上长有灌木和乔木。

北坡心岛 (Běipōxīn Dǎo)

北纬 21°46.9′，东经 108°51.6′。位于钦州市钦南区那丽镇海域，距大陆最近点 120 米。因位于坡墩北面，第二次全国海域地名普查时命今名。基岩岛。岸线长 348 米，面积 8 093 平方米。岛上长有草丛、灌木。岛周围建有虾塘。

拱形岛 (Gǒngxíng Dǎo)

北纬 21°46.9′，东经 108°51.1′。位于钦州市钦南区那丽镇海域，距大陆最近点 490 米。因岛呈拱形，第二次全国海域地名普查时命名为拱形岛。基岩岛。岸线长 314 米，面积 6 559 平方米。岛上建有虾塘，虾塘附近有简易住房。有电线杆拉电设备，架空电缆大陆引电。

中游岛 (Zhōngyóu Dǎo)

北纬 21°46.9′，东经 108°51.5′。位于钦州市钦南区那丽镇海域，距大陆最近点 330 米。因位于大风江中游，第二次全国海域地名普查时命名为中游岛。基岩岛。岸线长 126 米，面积 1 003 平方米。岛上长有草丛和灌木。

孔脚潭岛 (Kǒngjiǎotán Dǎo)

北纬 21°46.9′，东经 108°33.6′。位于钦州市钦南区海域，距大陆最近点 530 米。因岛形似孔雀脚，附近海域水较深，当地称为潭，故名。《中国海域地名志》（1989）、《广西海域地名志》（1992）、《广西海岛志》（1996）均记为孔脚潭岛。基岩岛。岸线长 235 米，面积 4 047 平方米，最高点海拔 15.4 米。岛上长有灌木和乔木。建有虾塘，虾塘附近有简易住房。有电线杆拉电设备，架空电缆大陆引电。

蚂蚁山 (Mǎyǐ Shān)

北纬 21°46.9′，东经 108°33.4′。位于钦州市钦南区海域，距大陆最近点 970 米。以岛形似蚂蚁得名。《中国海域地名志》（1989）、《广西海域地名志》（1992）、《广西海岛志》（1996）均记为蚂蚁山。基岩岛。岸线长 279 米，面积 5 144 平方米，最高点海拔 7.1 米。岛上长有灌木和乔木。

北槟榔岛 (Běibīngláng Dǎo)

北纬 21°46.8′，东经 108°51.5′。位于钦州市钦南区那丽镇海域，距大陆最近点 520 米。因位于槟榔墩北面，第二次全国海域地名普查时命今名。基岩岛。岸线长 153 米，面积 664 平方米。岛上长有草丛、灌木。建有虾塘，虾塘附近有简易住房。

白山洲 (Báishān Zhōu)

北纬 21°46.8′，东经 108°33.2′。位于钦州市钦南区海域，距大陆最近点 1.34 千米。因岛体由白石构成，似一座白山耸立在海上，故名。《中国海域地名志》（1989）、《广西海域地名志》（1992）、《广西海岛志》（1996）均记为白山洲。基岩岛。岸线长 305 米，面积 3 571 平方米，最高点海拔 10.5 米。岛上植被茂盛，种有人工林。

白坟墩岛 (Báiféndūn Dǎo)

北纬 21°46.8′，东经 108°33.6′。位于钦州市钦南区海域，距大陆最近点 650 米。因岛上有一座白坟而得名。《中国海域地名志》（1989）、《广西海域地名志》（1992）、《广西海岛志》（1996）均记为白坟墩岛。基岩岛。岸线长 295 米，面积 5 032 平方米，最高点海拔 13.5 米。岛上长有灌木和乔木。建有虾塘，虾塘附近有简易住房。

长岭 (Cháng Lǐng)

北纬 21°46.8′，东经 108°33.7′。位于钦州市钦南区海域，距大陆最近点 260 米。因岛形狭长而得名。《中国海域地名志》（1989）、《广西海域地名志》（1992）、《广西海岛志》（1996）均记为长岭。基岩岛。岸线长 792 米，面积 0.025 1 平方千米，最高点海拔 16.2 米。岛上建有虾塘，虾塘附近有简易住房。

过江埠岛 (Guòjiāngbù Dǎo)

北纬 21°46.8′，东经 108°34.0′。位于钦州市钦南区海域，距大陆最近点 40 米。因该岛在低潮时可以涉水过去而得名。《中国海域地名志》（1989）、《广西海域地名志》（1992）、《广西海岛志》（1996）均记为过江埠岛。基岩岛。岸线长 962 米，面积 0.047 8 平方千米，最高点海拔 8.1 米。岛上长有灌木和乔木。建有虾塘，虾塘附近有简易住房。有电线杆拉电设备，架空电缆大陆引电。

牙肉山 (Yáròu Shān)

北纬 21°46.7′，东经 108°33.4′。位于钦州市钦南区海域，距大陆最近点 1.02 千米。因岛形似牙肉（牙龈的形状），故名。《中国海域地名志》（1989）、《广西海域地名志》（1992）、《广西海岛志》（1996）均记为牙肉山。基岩岛。岸线长 422 米，面积 9 482 平方米，最高点海拔 8.3 米。岛上建有虾塘，虾塘附近有简易住房。

独树岛 (Dúshù Dǎo)

北纬 21°46.7′，东经 108°33.6′。位于钦州市钦南区海域，距大陆最近点 810 米。因岛上只有一棵红树，第二次全国海域地名普查时命名为独树岛。基岩岛。岸线长 187 米，面积 2 071 平方米，最高点海拔 11.6 米。岛上长有草丛、灌木。

南土地田岛 (Nántǔdìtián Dǎo)

北纬 21°46.7′，东经 108°54.3′。位于钦州市钦南区那丽镇海域，距大陆最近点 60 米。因位于土地田岛南面，第二次全国海域地名普查时命今名。基岩岛。岸线长 368 米，面积 8 053 平方米，最高点海拔 8.9 米。岛上建有虾塘，虾塘附近有简易住房。

蛇山 (Shé Shān)

北纬 21°46.7′，东经 108°33.6′。位于钦州市钦南区海域，距大陆最近点 670 米。以岛形似蛇得名。《中国海域地名志》（1989）、《广西海岛志》（1996）均记为蛇山。基岩岛。岸线长 414 米，面积 9 182 平方米，最高点海拔 16.5 米，岛上长有草丛、灌木和乔木。建有虾塘，虾塘附近有简易住房。

蚝壳插岛 (Háokéchā Dǎo)

北纬 21°46.6′，东经 108°33.9′。位于钦州市钦南区海域，距大陆最近点 230 米。因该岛西北部有个形似簸箕（当地称"插"）的泥滩，蚝壳较多，故名。《中国海域地名志》（1989）、《广西海域地名志》（1992）、《广西海岛志》（1996）均记为蚝壳插岛。基岩岛。岸线长 653 米，面积 0.026 3 平方千米，最高点海拔 4.5 米。岛上长有灌木和乔木。

蚝掘山 (Háojué Shān)

北纬 21°46.6′，东经 108°33.6′。位于钦州市钦南区海域，距大陆最近点 880 米。因岛形似蚝掘（一种采蚝工具）而得名。《中国海域地名志》（1989）、《广西海域地名志》（1992）、《广西海岛志》（1996）均记为蚝掘山。基岩岛。岸线长 217 米，面积 3 172 平方米，最高点海拔 9.1 米。

小东窖墩岛 (Xiǎodōngjiàodūn Dǎo)

北纬 21°46.6′，东经 108°50.2′。位于钦州市钦南区东场镇海域，距大陆最近点 20 米。因位于窖墩东面，且岛体较小，第二次全国海域地名普查时命今名。基岩岛。岸线长 543 米，面积 0.010 3 平方千米，最高点海拔 8.9 米。岛上植被茂盛，种有人工林。建有虾塘，虾塘附近有简易住房。有电线杆拉电设备，架空电缆大陆引电。

坡墩 (Pō Dūn)

北纬 21°46.5′，东经 108°51.6′。位于钦州市钦南区那丽镇海域，距大陆最近点 560 米。因岛形似坡状而得名。《广西海岛志》（1996）记为坡墩。基岩岛。岸线长 472 米，面积 0.013 平方千米，最高点海拔 3.6 米。岛上植被茂盛，种有人工林。建有虾塘，虾塘附近有简易住房。

螺壳墩 (Luóké Dūn)

北纬 21°46.5′，东经 108°50.8′。位于钦州市钦南区东场镇海域，距大陆最近点 160 米。因岛上有大量螺壳而得名。《中国海域地名志》（1989）、《广西海岛志》（1996）均记为螺壳墩。基岩岛。岸线长 321 米，面积 5 069 平方米，最高点海拔 12.5 米。

虾箩沟墩 (Xiāluógōu Dūn)

北纬 21°46.5′，东经 108°34.3′。位于钦州市钦南区海域，距大陆最近点 140 米。因该岛位于虾箩沟（水道）旁而得名。《中国海域地名志》（1989）、《广西海域地名志》（1992）、《广西海岛志》（1996）均记为虾箩沟墩。基岩岛。岸线长 784 米，面积 0.024 2 平方千米，最高点海拔 26.9 米。岛上长有灌木、乔木。建有虾塘，虾塘附近有简易住房。有电线杆拉电设备，架空电缆大陆引电。

大簕藤岛 (Dàlèténg Dǎo)

北纬 21°46.4′，东经 108°33.8′。位于钦州市钦南区海域，距大陆最近点 610 米。因岛上曾盛长簕藤（当地一种植物），相比小簕藤岛面积较大，故名。《中国海域地名志》（1989）、《广西海域地名志》（1992）、《广西海岛志》（1996）均记为大簕藤岛。基岩岛。岸线长 435 米，面积 0.011 8 平方千米，最高点海拔 8.5 米。岛上长有灌木、乔木。

丹竹江岛 (Dānzhújiāng Dǎo)

北纬 21°46.4′，东经 108°54.0′。位于钦州市钦南区那丽镇海域，距大陆最近点 30 米。因该岛位于丹竹江中，第二次全国海域地名普查时命名为丹竹江岛。基岩岛。岸线长 172 米，面积 1 912 平方米，最高点海拔 5.8 米。岛上长有草丛。

建有虾塘，虾塘附近有简易住房。

老鸦环岛 (Lǎoyāhuán Dǎo)

北纬21°46.4′，东经108°34.0′。位于钦州市钦南区海域，距大陆最近点60米。曾名大半边莲。因海岛形似老鸦，西面有一山环，故名老鸦环岛。《中国海域地名志》（1989）、《广西海域地名志》（1992）、《广西海岛志》（1996）均记为老鸦环岛。基岩岛。岸线长5.07千米，面积0.357 4平方千米，最高点海拔6.3米。岛上建有虾塘，虾塘附近有简易住房。有电线杆拉电设备，架空电缆大陆引电。

小簕藤岛 (Xiǎolèténg Dǎo)

北纬21°46.4′，东经108°33.7′。位于钦州市钦南区海域，距大陆最近点860米。因岛上曾盛长簕藤，且相对于附近大簕藤岛面积较小而得名。《中国海域地名志》（1989）、《广西海域地名志》（1992）、《广西海岛志》（1996）均记为小簕藤岛。基岩岛。岸线长120米，面积936平方米，最高点海拔5.6米。岛上长有灌木、乔木。

小墩 (Xiǎo Dūn)

北纬21°46.4′，东经108°37.7′。位于钦州市钦南区海域，距大陆最近点170米。因该岛面积较小，故名。《中国海域地名志》（1989）、《广西海域地名志》（1992）、《广西海岛志》（1996）均记为小墩。基岩岛。岸线长191米，面积2 713平方米，最高点海拔8.4米。岛上长有草丛、乔木。

长榄墩 (Chánglǎn Dūn)

北纬21°46.3′，东经108°31.8′。位于钦州市钦南区龙门港镇海域，距大陆最近点2.02千米。因岛形似橄榄且狭长，故名。《中国海域地名志》（1989）、《广西海岛志》（1996）均记为长榄墩。基岩岛。岸线长356米，面积6 140平方米，最高点海拔1.8米。无植被。

鱼仔坪岭 (Yúzǎipíng Lǐng)

北纬21°46.3′，东经108°34.4′。位于钦州市钦南区海域，距大陆最近点140米。曾名泥坳小岭。因海岛旁边的泥坪鱼仔较多，故名。《中国海域地名志》（1989）、《广西海域地名志》（1992）、《广西海岛志》（1996）均记为鱼仔坪岭。基岩岛。岸线长 465 米，面积 8 305 平方米，最高点海拔 12.5 米。岛上长有草丛、乔木。建有虾塘，虾塘附近有简易住房。

堪冲岭 (Kānchōng Lǐng)

北纬 21°46.3′，东经 108°34.2′。位于钦州市钦南区海域，距大陆最近点 270 米。因岛西边堪冲沟水道而得名。《中国海域地名志》（1989）、《广西海域地名志》（1992）、《广西海岛志》（1996）均记为堪冲岭。基岩岛。岸线长 1.51 千米，面积 0.079 4 平方千米，最高点海拔 35.1 米。岛上建虾塘，虾塘附近有简易住房。有电线杆拉电设备，架空电缆大陆引电。

南坡墩岛 (Nánpōdūn Dǎo)

北纬 21°46.3′，东经 108°51.9′。位于钦州市钦南区那丽镇海域，距大陆最近点 80 米。因该岛位于坡墩南边，第二次全国海域地名普查时命今名。基岩岛。岸线长 397 米，面积 0.010 5 平方千米。岛上长有草丛、灌木。渔民在岛周围建有虾塘。

水门山 (Shuǐmén Shān)

北纬 21°46.3′，东经 108°33.7′。位于钦州市钦南区海域，距大陆最近点 1.01 千米。因岛两边水流似穿过水门流出一样湍急，故名。《中国海域地名志》（1989）、《广西海域地名志》（1992）、《广西海岛志》（1996）均记为水门山。基岩岛。岸线长 129 米，面积 1 009 平方米，最高点海拔 6.1 米。岛上长有乔木，种有人工林。

烤火墩 (Kǎohuǒ Dūn)

北纬 21°46.3′，东经 108°31.1′。位于钦州市钦南区龙门港镇海域，距大陆最近点 720 米。曾名圆蹄墩，因形似猪前腿（又称圆蹄）而得名。因曾有人在岛上烤火，故名烤火墩。《中国海域地名志》（1989）、《广西海域地名志》（1992）、《广西海岛志》（1996）均记为烤火墩。基岩岛。岸线长 213 米，面积 3 128 平方米，最高点海拔 10.6 米。岛上长有草丛、灌木。建有虾塘，虾塘附近有简易住房。有电线杆拉电设备，架空电缆大陆引电。

沙牛卜岛 (Shāniúbǔ Dǎo)

北纬 21°46.2′，东经 108°39.3′。位于钦州市钦南区海域，距大陆最近点 20 米。因岛形似黄牛（当地称沙牛），其首端突起部分似黄牛的肩峰（当地称沙牛卜），故名。《中国海域地名志》（1989）、《广西海域地名志》（1992）、《广西海岛志》（1996）均记为沙牛卜岛。基岩岛。岸线长 1.77 千米，面积 0.085 6 平方千米，最高点海拔 17.6 米。岛上植被茂盛，种有人工林。建有虾塘，虾塘附近有简易住房。

黄竹墩 (Huángzhú Dūn)

北纬 21°46.2′，东经 108°31.4′。位于钦州市钦南区龙门港镇海域，距大陆最近点 570 米。曾名大石角、㓥牛墩。因岛上石块稍大，棱角分明，故名大石角；又因曾有人在岛上杀牛，亦名㓥牛墩。因岛上曾长满黄竹，故名黄竹墩。《中国海域地名志》（1989）、《广西海域地名志》（1992）、《广西海岛志》（1996）均记为黄竹墩。基岩岛。岸线长 139 米，面积 1 321 平方米，最高点海拔 12.4 米。岛上长有乔木，种有人工林。建有虾塘，虾塘附近有简易住房。

猪菜墩 (Zhūcài Dūn)

北纬 21°46.2′，东经 108°33.4′。位于钦州市钦南区海域，距大陆最近点 1.42 千米。因岛上长有蓬菜，当地人采来喂猪，故名。《中国海域地名志》（1989）、《广西海域地名志》（1992）、《广西海岛志》（1996）均记为猪菜墩。基岩岛。岸线长 179 米，面积 1 301 平方米，最高点海拔 8.4 米。岛上长有草丛、灌木。

蚝蛎墩 (Háolì Dūn)

北纬 21°46.2′，东经 108°31.6′。位于钦州市钦南区龙门港镇海域，距大陆最近点 1.57 千米。因岛旁边曾养殖蚝蛎，故名。《中国海域地名志》（1989）、《广西海岛志》（1996）均记为蚝蛎墩。基岩岛。岸线长 106 米，面积 613 平方米，最高点海拔 1.3 米。无植被。岛上建有高脚小石屋。

大双连岛 (Dàshuānglián Dǎo)

北纬 21°46.2′，东经 108°33.5′。位于钦州市钦南区海域，距大陆最近点 1.33 千米。曾名红墩。因该岛最低潮时与小双连岛相连，相比小双连岛面积较大，故名。

《中国海域地名志》（1989）、《广西海域地名志》（1992）、《广西海岛志》（1996）均记为大双连岛。基岩岛。岸线长239米，面积3583平方米，最高点海拔15.2米。岛上长有草丛、乔木，种有人工林。

榕木墩 (Róngmù Dūn)

北纬21°46.2′，东经108°31.0′。位于钦州市钦南区龙门港镇海域，距大陆最近点600米。因岛上曾长榕树而得名。《中国海域地名志》（1989）、《广西海域地名志》（1992）、《广西海岛志》（1996）均记为榕木墩。基岩岛。岸线长274米，面积4371平方米，最高点海拔12.3米。岛上长有草丛、灌木。建有虾塘，虾塘附近有简易住房。有电线杆拉电设备，架空电缆大陆引电。

摩沟岭 (Mógōu Lǐng)

北纬21°46.1′，东经108°34.3′。位于钦州市钦南区海域，距大陆最近点440米。以岛南边摩沟水道而得名。《中国海域地名志》（1989）、《广西海域地名志》（1992）、《广西海岛志》（1996）均记为摩沟岭。基岩岛。岸线长837米，面积0.0424平方千米，最高点海拔5.3米。岛上建有虾塘。

弯弓岭岛 (Wāngōnglǐng Dǎo)

北纬21°46.1′，东经108°37.9′。位于钦州市钦南区海域，距大陆最近点20米。因该岛形状比较弯曲，形似弯弓，第二次全国海域地名普查时命名为弯弓岭岛。基岩岛。岸线长1.11千米，面积0.0461平方千米，最高点海拔23.5米。岛上植被茂盛，种有人工林。岛上建有虾塘，虾塘附近有简易住房。有电线杆拉电设备，架空电缆大陆引电。

鲤鱼仔岛 (Lǐyúzǎi Dǎo)

北纬21°46.1′，东经108°31.3′。位于钦州市钦南区龙门港镇海域，距大陆最近点1.12千米。因岛形似鲤鱼，且面积较小。故名。《中国海域地名志》（1989）、《广西海域地名志》（1992）、《广西海岛志》（1996）均记为鲤鱼仔岛。基岩岛。岸线长195米，面积2498平方米，最高点海拔8.4米。建有虾塘，虾塘附近有简易住房。有电线杆拉电设备，架空电缆大陆引电。

洗脚墩 (Xǐjiǎo Dūn)

北纬 21°46.1′，东经 108°31.7′。位于钦州市钦南区龙门港镇海域，距大陆最近点 1.82 千米。岛上有个水塘，常有人在此洗脚，故名。基岩岛。岸线长 108 米，面积 510 平方米，最高点海拔 2.1 米。无植被。

黄姜山 (Huángjiāng Shān)

北纬 21°46.1′，东经 108°33.4′。位于钦州市钦南区海域，距大陆最近点 1.6 千米。因岛上长有野生黄姜而得名。《中国海域地名志》（1989）、《广西海域地名志》（1992）、《广西海岛志》（1996）均记为黄姜山。基岩岛。岸线长 319 米，面积 5 457 平方米，最高点海拔 7.3 米。岛上长有灌木、乔木，种有人工林。

蜻蜓墩 (Qīngtíng Dūn)

北纬 21°46.1′，东经 108°31.4′。位于钦州市钦南区龙门港镇海域，距大陆最近点 1.43 千米。因岛形似蜻蜓而得名。《中国海域地名志》（1989）、《广西海域地名志》（1992）、《广西海岛志》（1996）均记为蜻蜓墩。基岩岛。岸线长 321 米，面积 4 284 平方米，最高点海拔 8.9 米。岛上建有虾塘，虾塘附近有简易住房。有电线杆拉电设备，架空电缆大陆引电。

石块岛 (Shíkuài Dǎo)

北纬 21°46.1′，东经 108°31.1′。位于钦州市钦南区龙门港镇海域，距大陆最近点 820 米。因岛上植被较少，全是石头，第二次全国海域地名普查时命名为石块岛。基岩岛。岸线长 584 米，面积 0.018 8 平方千米，最高点海拔 12.3 米。长有草丛、灌木。岛上建有虾塘，虾塘附近有简易住房。有电线杆拉电设备，架空电缆大陆引电。

东沙坪岛 (Dōngshāpíng Dǎo)

北纬 21°46.0′，东经 108°30.8′。位于钦州市钦南区龙门港镇海域，距大陆最近点 290 米。因该岛位于沙坪村东面，第二次全国海域地名普查时命名为东沙坪岛。基岩岛。岸线长 355 米，面积 4 803 平方米，最高点海拔 8.9 米。岛上建有虾塘，虾塘附近有简易住房。有电线杆拉电设备，架空电缆大陆引电。

南槟榔岛 （Nánbīngláng Dǎo）

北纬 21°46.0′，东经 108°51.9′。位于钦州市钦南区东场镇海域，距大陆最近点 50 米。因该岛位于槟榔岛南面，第二次全国海域地名普查时命名为南槟榔岛。基岩岛。岸线长 540 米，面积 9 312 平方米，最高点海拔 5.6 米。岛上植被茂盛，种有人工林。建有虾塘，虾塘附近有简易住房。有电线杆拉电设备，架空电缆大陆引电。

黄泥沟岭 （Huángnígōu Lǐng）

北纬 21°46.0′，东经 108°34.5′。位于钦州市钦南区海域，距大陆最近点 130 米。因岛上多黄泥，大雨时附近水道中水变黄色而得名。《中国海域地名志》（1989）、《广西海域地名志》（1992）、《广西海岛志》（1996）均记为黄泥沟岭。基岩岛。岸线长 3.69 千米，面积 0.275 1 平方千米，最高点海拔 8.5 米。岛上建有渔业用房数间。

利竹山 （Lìzhú Shān）

北纬 21°46.0′，东经 108°34.0′。位于钦州市钦南区海域，距大陆最近点 640 米。因岛上长满利竹而得名。《中国海域地名志》（1989）、《广西海域地名志》（1992）、《广西海岛志》（1996）均记为利竹山。基岩岛。岸线长 2.36 千米，面积 0.125 4 平方千米，最高点海拔 28.3 米。岛上建有虾塘，虾塘附近有简易住房。

蚝仔墩 （Háozǎi Dūn）

北纬 21°46.0′，东经 108°35.2′。位于钦州市钦南区海域，距大陆最近点 40 米。因常有人在岛周边采牡蛎而得名。《中国海域地名志》（1989）、《广西海域地名志》（1992）、《广西海岛志》（1996）均记为蚝仔墩。基岩岛。岸线长 188 米，面积 2 695 平方米，最高点海拔 3.4 米。长有灌木、乔木。岛上建有虾塘。有电线杆拉电设备，架空电缆大陆引电。

屙屎墩 （Ēshǐ Dūn）

北纬 21°46.0′，东经 108°30.6′。位于钦州市钦南区龙门港镇海域，距大陆最近点 70 米。因出海渔民常在此屙屎而得名。《中国海域地名志》（1989）、《广西海域地名志》（1992）、《广西海岛志》（1996）均记为屙屎墩。基岩岛。岸线长 219 米，面积 3 534 平方米，最高点海拔 7 米。岛上建有虾塘，虾塘附近有简易住房。有电线杆拉电设备，架空电缆大陆引电。附近海域有大片牡蛎养殖地。

牙沙仔岛 (Yáshāzǎi Dǎo)

北纬 21°46.0′，东经 108°31.4′。位于钦州市钦南区龙门港镇海域，距大陆最近点 1.28 千米。因岛形似牙齿，面积较小且岛下多沙，故名。《中国海域地名志》（1989）、《广西海域地名志》（1992）、《广西海岛志》（1996）均记为牙沙仔岛。基岩岛。岸线长 220 米，面积 3 161 平方米，最高点海拔 9.9 米。岛上建有虾塘，虾塘附近有简易住房。有电线杆拉电设备，架空电缆大陆引电。

鱼尾岛 (Yúwěi Dǎo)

北纬 21°46.0′，东经 108°34.1′。位于钦州市钦南区海域，距大陆最近点 860 米。该岛形似金鱼尾，第二次全国海域地名普查时命今名。基岩岛。岸线长 211 米，面积 2 807 平方米，最高点海拔 5 米。长有灌木、乔木。岛上建有虾塘。

烂泥墩 (Lànní Dūn)

北纬 21°45.9′，东经 108°31.8′。位于钦州市钦南区龙门港镇海域，距大陆最近点 2 千米。因岛上表层泥土在下雨天时特别泥泞，故名烂泥墩。基岩岛。岸线长 86 米，面积 381 平方米，最高点海拔 1.2 米。无植被。

细独墩 (Xìdú Dūn)

北纬 21°45.9′，东经 108°37.7′。位于钦州市钦南区海域，距大陆最近点 50 米。因该岛是附近海域唯一的小岛，故名。《中国海域地名志》（1989）、《广西海域地名志》（1992）、《广西海岛志》（1996）均记为细独墩。基岩岛。岸线长 362 米，面积 8 630 平方米，最高点海拔 21 米。岛上植被茂盛，种有人工林。建有虾塘，虾塘附近有简易住房。

五坡墩尾岛 (Wǔpōdūnwěi Dǎo)

北纬 21°45.9′，东经 108°34.0′。位于钦州市钦南区海域，距大陆最近点 1.17

千米。因该岛位于五坡墩背向海一侧，似五坡墩的尾部，第二次全国海域地名普查时命今名。基岩岛。岸线长172米，面积2 126平方米，最高点海拔4.7米。岛上长有灌木、乔木。

狗仔岭 (Gǒuzǎi Lǐng)

北纬21°45.9′，东经108°33.9′。位于钦州市钦南区海域，距大陆最近点1.31千米。因岛形状似小狗而得名。《中国海域地名志》（1989）、《广西海域地名志》（1992）、《广西海岛志》（1996）均记为狗仔岭。基岩岛。岸线长170米，面积1 925平方米，最高点海拔2.8米。岛上长有灌木、乔木，种有人工林。

了哥巢岛 (Liǎogēcháo Dǎo)

北纬21°45.9′，东经108°31.4′。位于钦州市钦南区龙门港镇海域，距大陆最近点1.38千米。因岛形似了哥（即八哥，当地人俗称了哥）巢而得名。《中国海域地名志》（1989）、《广西海域地名志》（1992）、《广西海岛志》（1996）均记为了哥巢岛。基岩岛。岸线长216米，面积3 006平方米，最高点海拔10米。岛上建有虾塘，虾塘附近有简易住房。有电线杆拉电设备，架空电缆大陆引电。

屋地岭 (Wūdì Lǐng)

北纬21°45.8′，东经108°35.3′。位于钦州市钦南区海域，距大陆最近点90米。因过去曾有人在岛上建屋居住而得名。《中国海域地名志》（1989）、《广西海域地名志》（1992）、《广西海岛志》（1996）均记为屋地岭。基岩岛。岸线长607米，面积0.023 3平方千米，最高点海拔20.2米。长有灌木。岛上建有虾塘，虾塘附近有简易住房。有电线杆拉电设备，架空电缆大陆引电。

四坡墩 (Sìpō Dūn)

北纬21°45.8′，东经108°33.8′。位于钦州市钦南区海域，距大陆最近点1.56千米。因附近海域从西南到东北一排共有5个岛，按位置排列该岛位于第四，故名。《中国海域地名志》（1989）、《广西海域地名志》（1992）、《广西海岛志》（1996）均记为四坡墩。基岩岛。岸线长752米，面积0.029 4平方千米，最高点海拔6.5米。岛上长有乔木，种有人工林。建有虾塘，虾塘附近有简易住房。有电线杆拉电设备，架空电缆大陆引电。

五坡墩 (Wǔpō Dūn)

北纬 21°45.8′，东经 108°34.0′。位于钦州市钦南区海域，距大陆最近点 1.17 千米。因附近海域从西南到东北一排共有 5 个岛，按位置排列该岛位于第五，故名。《中国海域地名志》（1989）、《广西海域地名志》（1992）、《广西海岛志》（1996）均记为五坡墩。基岩岛。岸线长 859 米，面积 0.031 3 平方千米，最高点海拔 6.5 米。岛上长有灌木、乔木。

螃蟹沟墩 (Pángxiègōu Dūn)

北纬 21°45.7′，东经 108°35.3′。位于钦州市钦南区海域，距大陆最近点 120 米。岛边一沟（水道），昔多螃蟹，故名。《中国海域地名志》（1989）、《广西海域地名志》（1992）、《广西海岛志》（1996）均记为螃蟹沟墩。基岩岛。岸线长 118 米，面积 787 平方米，最高点海拔 2.6 米。岛上长有草丛。岛周围建有虾塘。

篱竹排岛 (Lízhúpái Dǎo)

北纬 21°45.7′，东经 108°38.1′。位于钦州市钦南区海域，距大陆最近点 40 米。因岛东边曾有一排（片）篱竹，故名。《中国海域地名志》（1989）、《广西海域地名志》（1992）、《广西海岛志》（1996）均记为篱竹排岛。基岩岛。岸线长 546 米，面积 0.016 7 平方千米。岛上长有草丛、乔木，种有人工林。建有虾塘，虾塘附近有简易住房。有高压线塔架一座，有电线杆拉电设备，架空电缆大陆引电。

小水门岛 (Xiǎoshuǐmén Dǎo)

北纬 21°45.7′，东经 108°31.4′。位于钦州市钦南区龙门港镇海域，距大陆最近点 1.45 千米。因该岛位于水门墩附近，且面积较小，第二次全国海域地名普查时命今名。基岩岛。岸线长 180 米，面积 2 383 平方米。岛上长有草丛、灌木。

茅丝墩 (Máosī dūn)

北纬 21°45.7′，东经 108°34.0′。位于钦州市钦南区海域，距大陆最近点 1.38 千米。因该岛长满茅丝草而得名。《中国海域地名志》（1989）、《广西海域地名志》（1992）、《广西海岛志》（1996）均记为茅丝墩。基岩岛。岸线长 192 米，面积 2 539 平方米，最高点海拔 3.8 米。

牯牛石大岭 (Gǔniúshí Dàlǐng)

北纬 21°45.7′，东经 108°35.4′。位于钦州市钦南区海域，距大陆最近点 80 米。因岛形似牯牛，面积较大，故名。《中国海域地名志》（1989）、《广西海域地名志》（1992）、《广西海岛志》（1996）均记为牯牛石大岭。基岩岛。岸线长 1.08 千米，面积 0.049 9 平方千米，最高点海拔 6.5 米。岛上长有灌木、乔木。建有虾塘，虾塘附近有简易住房。

张妈墩 (Zhāngmā Dūn)

北纬 21°45.6′，东经 108°32.0′。位于钦州市钦南区龙门港镇海域，距大陆最近点 2.51 千米。因清康熙年间（1661—1722 年）有一张姓大妈在此居住过，故名。《中国海域地名志》（1989）、《广西海域地名志》（1992）、《广西海岛志》（1996）均记为张妈墩。基岩岛。岸线长 516 米，面积 0.011 4 平方千米，最高点海拔 14.4 米。岛上长有乔木，种有人工林。建有虾塘，虾塘附近有简易住房。有电线杆拉电设备，架空电缆大陆引电。

斜榄墩 (Xiélǎn Dūn)

北纬 21°45.6′，东经 108°32.0′。位于钦州市钦南区龙门港镇海域，距大陆最近点 2.35 千米。因岛形似歪斜的橄榄而得名。《中国海域地名志》（1989）、《广西海岛志》（1996）记为斜榄墩。基岩岛。岸线长 228 米，面积 3 300 平方米，最高点海拔 7 米。无植被。

低窟墩岛 (Dīkūdūn Dǎo)

北纬 21°45.6′，东经 108°31.6′。位于钦州市钦南区龙门港镇海域，距大陆最近点 1.83 千米。因岛上有地势较低的窟窿，第二次全国海域地名普查时命名为低窟墩岛。基岩岛。岸线长 135 米，面积 1 036 平方米，最高点海拔 9 米。岛上建有虾塘，虾塘附近有简易住房。

企人石 (Qǐrén Shí)

北纬 21°45.6′，东经 108°34.1′。位于钦州市钦南区海域，距大陆最近点 1.44 千米。因岛南边有一块石头似人站立，而当地称"站立"为"企"，故名。《中国海域地名志》（1989）、《广西海域地名志》（1992）、《广西海岛志》（1996）均记为企人石。基岩岛。岸线长 185 米，面积 2 545 平方米，最高点海拔 5.8 米。岛上长有灌木、乔木。

三坡墩 （Sānpō Dūn）

北纬 21°45.6′，东经 108°33.6′。位于钦州市钦南区海域，距大陆最近点 2.06 千米。因附近海域从西南到东北一排共有 5 个岛，按位置排列该岛位于第三，故名。《中国海域地名志》（1989）、《广西海域地名志》（1992）、《广西海岛志》（1996）均记为三坡墩。基岩岛。岸线长 239 米，面积 3 851 平方米，最高点海拔 6.3 米。岛上长有乔木，种有人工林。

螃蟹钳岛 （Pángxièqián Dǎo）

北纬 21°45.6′，东经 108°31.7′。位于钦州市钦南区龙门港镇海域，距大陆最近点 1.96 千米。因岛形似螃蟹钳，第二次全国海域地名普查时命名为螃蟹钳岛。沙泥岛。岸线长 355 米，面积 7 639 平方米，最高点海拔 8.1 米。岛上长有草丛、灌木。

水流鹅岛 （Shuǐliú'é Dǎo）

北纬 21°45.5′，东经 108°31.4′。位于钦州市钦南区龙门港镇海域，距大陆最近点 1.49 千米。因岛附近水道常有鹅随着流水经过，第二次全国海域地名普查时命名为水流鹅岛。基岩岛。岸线长 337 米，面积 6 583 平方米，最高点海拔 15 米。岛上建有虾塘，虾塘附近有简易住房。有电线杆拉电设备，架空电缆大陆引电。

红榄墩 （Hónglǎn Dūn）

北纬 21°45.5′，东经 108°31.9′。位于钦州市钦南区龙门港镇海域，距大陆最近点 2.37 千米。因岛形似橄榄，且表层有红色黏土，故名。《中国海域地名志》（1989）、《广西海岛志》（1996）均记为红榄墩。基岩岛。岸线长 246 米，面积 4 196 平方米，最高点海拔 8.5 米。岛上长有草丛。

螃蟹地 （Pángxièdì）

北纬 21°45.5′，东经 108°31.6′。位于钦州市钦南区龙门港镇海域，距大陆最近点 1.88 千米。因岛形似螃蟹而得名。《中国海域地名志》（1989）、《广西海岛志》（1996）均记为螃蟹地。基岩岛。岸线长 137 米，面积 1 350 平方米，最高点海拔 4.6 米。岛上建有虾塘，虾塘附近有简易住房。有电线杆拉电设备，架空电缆大陆引电。有一条绕岛的泥土路。

榄墩 (Lǎn Dūn)

北纬 21°45.5′，东经 108°32.0′。位于钦州市钦南区龙门港镇海域，距大陆最近点 2.57 千米。因岛形似橄榄而得名。《中国海域地名志》（1989）、《广西海岛志》（1996）记为榄墩。基岩岛。岸线长 200 米，面积 2 712 平方米，最高点海拔 1.1 米。无植被。岛上有渔业用房 1 间。附近海域有浮排，用于牡蛎筏式养殖。

小胖山岛 (Xiǎopàngshān Dǎo)

北纬 21°45.5′，东经 108°34.0′。位于钦州市钦南区海域，距大陆最近点 230 米。因在大胖山北部，面积较小，第二次全国海域地名普查时命今名。基岩岛。岸线长 230 米，面积 1 055 平方米，最高点海拔 7.1 米。岛上长有草丛、灌木。

二坡墩 (Èrpō Dūn)

北纬 21°45.5′，东经 108°33.5′。位于钦州市钦南区海域，距大陆最近点 2.22 千米。因附近海域从西南到东北一排共有 5 个岛，按位置排列该岛位于第二，故名。《中国海域地名志》（1989）、《广西海域地名志》（1992）、《广西海岛志》（1996）均记为二坡墩。基岩岛。岸线长 406 米，面积约 0.010 1 平方千米，最高点海拔 5.5 米。岛上长有乔木，种有人工林。

牯牛石墩 (Gǔniúshí Dūn)

北纬 21°45.5′，东经 108°35.4′。位于钦州市钦南区海域，距大陆最近点 270 米。因该岛靠近牯牛石大岭，且面积较小，故名。基岩岛。岸线长 239 米，面积 4 348 平方米，最高点海拔 3.8 米。岛上长有灌木、乔木。

独木墩 (Dúmù Dūn)

北纬 21°45.4′，东经 108°31.6′。位于钦州市钦南区龙门港镇海域，距大陆最近点 2.02 千米。因岛上曾长有一棵大树而得名。《中国海域地名志》（1989）、

《广西海岛志》（1996）均记为独木墩。基岩岛。岸线长 209 米，面积 2 973 平方米，最高点海拔 9.4 米。岛上建有虾塘，虾塘附近有简易住房。有电线杆拉电设备，架空电缆大陆引电。

大龙头 (Dàlóngtóu)

北纬 21°45.4′，东经 108°53.2′。位于钦州市钦南区那丽镇海域，距大陆最近点 110 米。因岛形似龙头且面积较大，故名。《中国海域地名志》（1989）、《广西海岛志》（1996）均记为大龙头。基岩岛。岸线长 221 米，面积 3 542 平方米，最高点海拔 6.5 米。岛上植被茂盛，种有人工林。建有渔业用房。

急水墩 (Jíshuǐ Dūn)

北纬 21°45.4′，东经 108°53.4′。位于钦州市钦南区那丽镇海域，距大陆最近点 180 米。因附近水流较急而得名。《中国海域地名志》（1989）、《广西海岛志》（1996）记为急水墩。基岩岛。岸线长 204 米，面积 2 533 平方米。岛上植被茂盛，种有人工林。建有虾塘，虾塘附近有简易住房。

南丹江岛 (Nándānjiāng Dǎo)

北纬 21°45.4′，东经 108°54.3′。位于钦州市钦南区东场镇海域，距大陆最近点 30 米。因该岛位于丹江南部，第二次全国海域地名普查时命名为南丹江岛。基岩岛。岸线长 342 米，面积 8 208 平方米，最高点海拔 10 米。岛上植被茂盛，种有人工林。

西双孖岛 (Xīshuāngmā Dǎo)

北纬 21°45.4′，东经 108°31.8′。位于钦州市钦南区龙门港镇海域，距大陆最近点 2.28 千米。因相邻两岛形似双生子，当地俗称"双孖"，该岛位于西面，第二次全国海域地名普查时命今名。基岩岛。岸线长 251 米，面积 2 680 平方米。岛上长有灌木。

东双孖岛 (Dōngshuāngmā Dǎo)

北纬 21°45.4′，东经 108°31.8′。位于钦州市钦南区龙门港镇海域，距大陆最近点 2.39 千米。因相邻两岛形似双生子，当地俗称"双孖"，该岛位于东面，第二次全国海域地名普查时命今名。基岩岛。岸线长 223 米，面积 2 292 平方米。

岛上长有草丛、灌木。

独墩仔 (Dú Dūnzǎi)

北纬 21°45.4′，东经 108°31.7′。位于钦州市钦南区龙门港镇海域，距大陆最近点 2.2 千米。因该岛独自立于海中间且面积较小，故名。《中国海域地名志》（1989）、《广西海域地名志》（1992）、《广西海岛志》（1996）均记为独墩仔。基岩岛。岸线长 238 米，面积 2 526 平方米。

头坡墩 (Tóupō Dūn)

北纬 21°45.4′，东经 108°33.4′。位于钦州市钦南区海域，距大陆最近点 2.43 千米。因附近海域从西南到东北一排共有 5 个岛，按位置排列该岛位于第一，故名。《中国海域地名志》（1989）、《广西海域地名志》（1992）、《广西海岛志》（1996）均记为头坡墩。基岩岛。岸线长 366 米，面积 7 552 平方米，最高点海拔 5.6 米。岛上长有乔木，种有人工林。建有简易房屋。

仙人井大岭 (Xiānrénjǐng Dàlǐng)

北纬 21°45.4′，东经 108°35.0′。位于钦州市钦南区海域，距大陆最近点 80 米。因岛东南有口井，传说曾有仙人在井边冲凉，因此得名。《中国海域地名志》（1989）、《广西海域地名志》（1992）、《广西海岛志》（1996）均记为仙人井大岭。基岩岛。岸线长 7.65 千米，面积 0.735 8 平方千米，最高点海拔 7.5 米。岛上建有虾塘，虾塘附近有简易住房。岛上有水井。有电线杆拉电设备，架空电缆大陆引电。

西大坡墩岛 (Xīdàpōdūn Dǎo)

北纬 21°45.4′，东经 108°54.8′。位于钦州市钦南区东场镇海域，距大陆最近点 40 米。因该岛位于大坡墩岛西部，第二次全国海域地名普查时命今名。基岩岛。岸线长 867 米，面积 0.039 3 平方千米，最高点海拔 19 米。岛上建有虾塘，虾塘附近有简易住房。有电线杆拉电设备，架空电缆大陆引电。

鬼打角岛 (Guǐdǎjiǎo Dǎo)

北纬 21°45.4′，东经 108°34.2′。位于钦州市钦南区海域，距大陆最近点 1.56 千米。相传曾有一群鬼在该岛角落里打架，故名。《中国海域地名志》（1989）、

《广西海域地名志》（1992）、《广西海岛志》（1996）均记为鬼打角岛。基岩岛。岸线长 1.12 千米，面积 0.061 5 平方千米，最高点海拔 8.1 米。长有灌木、乔木。岛上有平房 1 间。附近海域有牡蛎筏式养殖。

大坡墩岛 (Dàpōdūn Dǎo)

北纬 21°45.4′，东经 108°54.9′。位于钦州市钦南区那丽镇海域，距大陆最近点 170 米。因该岛位于大坡村附近，第二次全国海域地名普查时命名为大坡墩岛。基岩岛。岸线长 248 米，面积 4 351 平方米，最高点海拔 16.2 米。岛周围建有虾塘。

大胖山 (Dàpàng Shān)

北纬 21°45.4′，东经 108°34.0′。位于钦州市钦南区海域，距大陆最近点 1.61 千米。因岛体宽大而得名。《中国海域地名志》（1989）、《广西海域地名志》（1992）、《广西海岛志》（1996）均记为大胖山。基岩岛。岸线长 1.83 千米，面积 0.123 4 平方千米，最高点海拔 55.6 米。岛上长有草丛、灌木。建有虾塘，虾塘附近有简易住房。有电线杆拉电设备，架空电缆大陆引电。岛东面建有一处小码头。附近海域有牡蛎筏式养殖。

一枚梳岭 (Yīméishū Lǐng)

北纬 21°45.3′，东经 108°35.4′。位于钦州市钦南区海域，距大陆最近点 340 米。因岛形似一把梳子，且岛上有一座坟地称"美女梳"，故名。《中国海域地名志》（1989）、《广西海域地名志》（1992）、《广西海岛志》（1996）均记为一枚梳岭。基岩岛。岸线长 602 米，面积 0.022 4 平方千米，最高点海拔 4.6 米。岛上长有灌木、乔木。

鹅蛋岛 (Édàn Dǎo)

北纬 21°45.3′，东经 108°31.3′。位于钦州市钦南区龙门港镇海域，距大陆最近点 1.73 千米。因岛形似鹅蛋，第二次全国海域地名普查时命名为鹅蛋岛。基岩岛。岸线长 311 米，面积 4 214 平方米，最高点海拔 3.6 米。渔民在岛周围建有虾塘。岛上有一条大路环岛并与陆地相连。

大竹山 (Dàzhú Shān)

北纬 21°45.3′，东经 108°32.4′。位于钦州市钦南区龙门港镇海域，距大陆最近点 3.31 千米。因岛上长有黄竹，且海岛干出范围宽于附近的小竹山，故名。《中国海域地名志》（1989）、《广西海域地名志》（1992）、《广西海岛志》（1996）均记为大竹山。基岩岛。岸线长 607 米，面积 0.017 平方千米，最高点海拔 14.2 米。岛上长有乔木。建有虾塘，虾塘附近有简易住房。有小型发电设备。

鸡蛋墩 (Jīdàn Dūn)

北纬 21°45.3′，东经 108°34.4′。位于钦州市钦南区海域，距大陆最近点 1.68 千米。因岛呈椭圆形似鸡蛋而得名。《中国海域地名志》（1989）、《广西海域地名志》（1992）、《广西海岛志》（1996）均记为鸡蛋墩。基岩岛。岸线长 419 米，面积 0.012 9 平方千米，最高点海拔 6.5 米。岛上长有灌木、乔木。

鲎墩 (Hòu Dūn)

北纬 21°45.3′，东经 108°35.2′。位于钦州市钦南区海域，距大陆最近点 490 米。因岛形似鲎而得名。《中国海域地名志》（1989）、《广西海域地名志》（1992）、《广西海岛志》（1996）均记为鲎墩。基岩岛。岸线长 382 米，面积 0.010 1 平方千米，最高点海拔 9.7 米。岛上长有乔木、灌木，岛周围被红树林环绕。建有虾塘，虾塘附近有简易住房。

瘦坪岭 (Shòupíng Lǐng)

北纬 21°45.3′，东经 108°35.2′。位于钦州市钦南区海域，距大陆最近点 590 米。因岛呈长形，岛体较为瘦小且四周是泥坪，故名。《中国海域地名志》（1989）、《广西海域地名志》（1992）、《广西海岛志》（1996）均记为瘦坪岭。基岩岛。岸线长 615 米，面积 0.013 4 平方千米，最高点海拔 5.4 米。岛上长有灌木、乔木。

擦人墩 (Cārén Dūn)

北纬 21°45.2′，东经 108°33.6′。位于钦州市钦南区海域，距大陆最近点 2.31 千米。曾名杀人墩。旧时海盗经常在此岛上抢劫杀人，因此称为杀人墩，1982 年地名标准化处理更名为擦人墩。《中国海域地名志》（1989）、《广西海域地名志》（1992）、《广西海岛志》（1996）均记为擦人墩。基岩岛。岸线长 816 米，面积 0.023 4 平方千米，最高点海拔 7.1 米。岛上长有草丛、乔木。建有虾塘，虾塘附近建有简易住房。有电线杆拉电设备，架空电缆大陆引电。

小竹山 (Xiǎozhú Shān)

北纬 21°45.2′，东经 108°32.7′。位于钦州市钦南区龙门港镇海域，距大陆最近点 3.61 千米。因岛上曾长满黄竹，低潮时干出范围比附近的大竹山小，故名。《中国海域地名志》（1989）、《广西海域地名志》（1992）、《广西海岛志》（1996）均记为小竹山。基岩岛。岸线长 390 米，面积 0.010 7 平方千米，最高点海拔 17.2 米。岛上长有灌木、乔木。建有虾塘，虾塘附近有简易住房。有电线杆拉电设备，架空电缆大陆引电。

沙帽岭 (Shāmào Lǐng)

北纬 21°45.2′，东经 108°32.5′。位于钦州市钦南区龙门港镇海域，距大陆最近点 3.47 千米。因岛形似乌纱帽，且岛上有小片沙地，故名。《中国海域地名志》（1989）、《广西海域地名志》（1992）、《广西海岛志》（1996）均记为沙帽岭。基岩岛。岸线长 400 米，面积 0.010 5 平方千米，最高点海拔 12.3 米。长有灌木、乔木。岛上建有虾塘，虾塘附近有简易住房。有电线杆拉电设备，架空电缆大陆引电。

吊丝利竹山 (Diàosīlìzhú Shān)

北纬 21°45.2′，东经 108°34.5′。位于钦州市钦南区海域，距大陆最近点 1.53 千米。因岛上长有吊丝利竹，故名。《中国海域地名志》（1989）、《广西海域地名志》（1992）、《广西海岛志》（1996）均记为吊丝利竹山。基岩岛。岸线长 1.05 千米，面积 0.062 6 平方千米，最高点海拔 46.1 米。岛上长有灌木、乔木。建有平房 1 间。附近海域有牡蛎筏式养殖。

小米碎 (Xiǎomǐsuì)

北纬 21°45.2′，东经 108°32.2′。位于钦州市钦南区龙门港镇海域，距大陆最近点 3.11 千米。因该岛在大米碎对面，其形状和大米碎相似均像米粒，且相对大米碎较小，故名。《中国海域地名志》（1989）、《广西海岛志》（1996）

均记为小米碎。基岩岛。岸线长 57 米，面积 226 平方米，最高点海拔 10.2 米。岛上长有灌木。

白榄头小墩 (Báilǎntóu Xiǎodūn)

北纬 21°45.2′，东经 108°35.4′。位于钦州市钦南区海域，距大陆最近点 100 米。因海岛四周长有白榄树，且体形比附近的白榄头墩小，故名。又名白榄头嘴岛。《中国海域地名志》（1989）记为白榄头嘴岛。《广西海域地名志》（1992）、《广西海岛志》（1996）记为白榄头小墩。基岩岛。岸线长 168 米，面积 1 906 平方米，最高点海拔 7 米。岛上长有灌木、乔木。岛周有虾塘 1 处。

松飞大岭 (Sōngfēi Dàlǐng)

北纬 21°45.2′，东经 108°34.7′。位于钦州市钦南区海域，距大陆最近点 930 米。曾名大龙墩。因形似龙且岛体较大，得名大龙墩。因该岛较大，有数个山峰，岛上松树靠松果飞子成林，故名松飞大岭。《中国海域地名志》（1989）、《广西海域地名志》（1992）、《广西海岛志》（1996）均记为松飞大岭。基岩岛。岸线长 4.63 千米，面积 3.424 6 平方千米，最高点海拔 10.2 米。岛上建有虾塘，虾塘附近有简易住房。海岛一侧建有码头，码头附近建有一所废弃的小洋房。铺有水泥路，基础设施较完备。有电线杆拉电设备，架空电缆大陆引电。

双冲墩 (Shuāngchōng Dūn)

北纬 21°45.1′，东经 108°35.0′。位于钦州市钦南区海域，距大陆最近点 760 米。因岛西南的双冲沟水道而得名。《中国海域地名志》（1989）、《广西海域地名志》（1992）、《广西海岛志》（1996）均记为双冲墩。沙泥岛。岸线长 329 米，面积 7 817 平方米，最高点海拔 10.2 米。岛上长有灌木、乔木。

七棚丝长岭 (Qīpéngsī Chánglǐng)

北纬 21°45.1′，东经 108°35.2′。位于钦州市钦南区海域，距大陆最近点 410 米。因岛形长，靠近七棚丝泾水道，故名。因岛上泥土较多且淤积，又名生泥坪。《中国海域地名志》（1989）、《广西海域地名志》（1992）、《广西海岛志》（1996）均记为七棚丝长岭。基岩岛。岸线长 993 米，面积 0.037 6 平方千米，最高点海拔 5.6 米。岛上长有灌木、乔木。

鬼仔坪岛 （Guǐzǎipíng Dǎo）

北纬 21°45.1′，东经 108°34.2′。位于钦州市钦南区海域，距大陆最近点 1.86
千米。传说有渔民看见一群鬼（当地人称"鬼"为"鬼仔"）在岛边出没，故名。
《中国海域地名志》（1989）、《广西海域地名志》（1992）、《广西海岛志》
（1996）均记为鬼仔坪岛。基岩岛。岸线长 2.89 千米，面积 0.181 7 平方千米，
最高点海拔 6.3 米。岛上建有虾塘，虾塘附近有简易住房。

三角岛 （Sānjiǎo Dǎo）

北纬 21°45.1′，东经 108°32.4′。位于钦州市钦南区龙门港镇海域，距大陆
最近点 3.34 千米。因岛呈三角形，第二次全国海域地名普查时命名为三角岛。
基岩岛。岸线长 118 米，面积 856 平方米，最高点海拔 4.7 米。岛上植被茂盛，
种有人工林。渔民在岛周围建有虾塘。有电线杆拉电设备，架空电缆大陆引电。

白榄头墩 （Báilǎntóu Dūn）

北纬 21°45.1′，东经 108°35.5′。位于钦州市钦南区海域，距大陆最近点
100 米。因该岛周围长有很多白榄树，故名。《中国海域地名志》（1989）、《广
西海域地名志》（1992）、《广西海岛志》（1996）均记为白榄头墩。基岩岛。
岸线长 385 米，面积 9 851 平方米，最高点海拔 3.6 米。岛上长有灌木、乔木。
建有虾塘，虾塘附近有简易住房。

坳仔岛 （Àozǎi Dǎo）

北纬 21°45.1′，东经 108°32.3′。位于钦州市钦南区龙门港镇海域，距大陆
最近点 3.39 千米。因该岛靠近大坳岛和细坳岛，且面积较小，第二次全国海域
地名普查时命今名。基岩岛。岸线长 164 米，面积 1 366 平方米。岛上长有草丛、
灌木。

龙墩 （Lóng Dūn）

北纬 21°45.1′，东经 108°34.8′。位于钦州市钦南区海域，距大陆最近点 1.28
千米。曾名小龙墩。因该岛近松飞大岭（又名大龙墩）且面积较小而得名。《中
国海域地名志》（1989）、《广西海域地名志》（1992）、《广西海岛志》（1996）
均记为龙墩。基岩岛。岸线长 251 米，面积 4 329 平方米，最高点海拔 5.8 米。

岛上长有灌木、乔木。

生泥坪独墩 (Shēngnípíng Dúdūn)

北纬21°45.1′，东经108°35.3′。位于钦州市钦南区海域，距大陆最近点390米。因该岛靠近生泥坪山，且附近海域只有此一个独立小岛，故名。《中国海域地名志》（1989）、《广西海岛志》（1996）均记为生泥坪独墩。基岩岛。岸线长110米，面积781平方米，最高点海拔3.1米。岛上长有灌木。

西横岭岛 (Xīhénglǐng Dǎo)

北纬21°45.0′，东经108°31.8′。位于钦州市钦南区龙门港镇海域，距大陆最近点2.73千米。因该岛位于横岭以西，第二次全国海域地名普查时命今名。基岩岛。岸线长98米，面积509平方米，最高点海拔9.5米。岛周围建有虾塘。岛上有电线杆拉电设备。

樟木环岛 (Zhāngmùhuán Dǎo)

北纬21°45.0′，东经108°34.0′。位于钦州市钦南区海域，距大陆最近点2.19千米。因岛上曾盛长樟树而得名。《中国海域地名志》（1989）、《广西海域地名志》（1992）、《广西海岛志》（1996）均记为樟木环岛。基岩岛。岸线长2.24千米，面积0.115 4平方千米，最高点海拔10.8米。岛上建有虾塘，虾塘附近有简易住房。

旱泾长岭 (Hànjīng Chánglǐng)

北纬21°45.0′，东经108°34.5′。位于钦州市钦南区海域，距大陆最近点1.47千米。因岛形狭长，退潮时两边水道干出，故名旱泾长岭。《中国海域地名志》（1989）、《广西海域地名志》（1992）、《广西海岛志》（1996）均记为旱泾长岭。基岩岛。岸线长2.71千米，面积0.181 4平方千米，最高点海拔40.3米。岛上长有灌木、乔木，种有人工林。建有虾塘，虾塘附近有简易住房。有电线杆拉电设备，架空电缆大陆引电。

大娥眉岭 (Dà'éméi Lǐng)

北纬21°45.0′，东经108°35.3′。位于钦州市钦南区海域，距大陆最近点560米。因岛形似娥眉且面积较大，故名。《中国海域地名志》（1989）、《广

850 米。因岛形似娥眉，且相比附近大娥眉岭面积较小，故名。《中国海域地名志》（1989）、《广西海域地名志》（1992）、《广西海岛志》（1996）均记为小娥眉岭。基岩岛。岸线长 583 米，面积 0.019 6 平方千米。岛上长有灌木、乔木。

土地墩头 (Tǔdìdūntóu)

北纬 21°44.8′，东经 108°34.0′。位于钦州市钦南区海域，距大陆最近点 2.66 千米。因岛西部有一块高石形似土地庙牌而得名。《中国海域地名志》（1989）、《广西海域地名志》（1992）、《广西海岛志》（1996）均记为土地墩头。基岩岛。岸线长 206 米，面积 2 399 平方米，最高点海拔 12.1 米。岛上长有灌木。

编蒲墩岛 (Biānpúdūn Dǎo)

北纬 21°44.8′，东经 108°53.4′。位于钦州市钦南区那丽镇海域，距大陆最近点 80 米。因常有渔民在海岛上编蒲干活，第二次全国海域地名普查时命名为编蒲墩岛。基岩岛。岸线长 303 米，面积 5 774 平方米，最高点海拔 4.9 米。岛上植被茂盛，种有人工林。

辣椒墩头岛 (Làjiāodūntóu Dǎo)

北纬 21°44.8′，东经 108°52.7′。位于钦州市钦南区东场镇海域，距大陆最近点 270 米。因该岛位于辣椒墩西面，似辣椒头部，第二次全国海域地名普查时命今名。基岩岛。岸线长 103 米，面积 638 平方米，最高点海拔 2.5 米。

鲎箔墩 (Hòubó Dūn)

北纬 21°44.8′，东经 108°33.2′。位于钦州市钦南区龙门港镇海域，距大陆最近点 3.21 千米。因常有人在此用鲎箔（一种捕鲎定置渔具）捉鲎，故名。《中国海域地名志》（1989）、《广西海岛志》（1996）均记为鲎箔墩。基岩岛。岸线长 160 米，面积 1 717 平方米，最高点海拔 5 米。长有灌木、乔木。岛上建有虾塘，虾塘附近有简易住房。有电线杆拉电设备，架空电缆大陆引电。

土地墩尾 (Tǔdìdūnwěi)

北纬 21°44.8′，东经 108°34.1′。位于钦州市钦南区海域，距大陆最近点 2.57 千米。与土地墩头相对，似土地墩头的尾部，故名。《中国海域地名志》（1989）、《广西海域地名志》（1992）、《广西海岛志》（1996）均记为土地墩尾。基岩岛。

岸线长 125 米，面积 808 平方米，最高点海拔 3.7 米。岛上长有灌木。

小茅墩 (Xiǎomáo Dūn)

北纬 21°44.8′，东经 108°35.4′。位于钦州市钦南区海域，距大陆最近点 470 米。曾有人在岛上搭茅舍，且海岛面积较小，故名。基岩岛。岸线长 127 米，面积 1 250 平方米。岛上长有灌木、乔木。

小涛岛 (Xiǎotāo Dǎo)

北纬 21°44.7′，东经 108°33.2′。位于钦州市钦南区龙门港镇海域，距大陆最近点 3.18 千米。因附近海域海岛较多且较集中，附近波涛因缓冲作用较小，第二次全国海域地名普查时命名为小涛岛。基岩岛。岸线长 124 米，面积 927 平方米，最高点海拔 3.5 米。岛上长有灌木。建有渔业用房。

李子墩 (Lǐzi Dūn)

北纬 21°44.7′，东经 108°34.0′。位于钦州市钦南区海域，距大陆最近点 2.83 千米。因岛形似李子而得名。《中国海域地名志》（1989）、《广西海岛志》（1996）均记为李子墩。基岩岛。岸线长 101 米，面积 440 平方米，最高点海拔 1.8 米。岛上长有灌木。

环水坳岛 (Huánshuǐ'ào Dǎo)

北纬 21°44.7′，东经 108°34.3′。位于钦州市钦南区海域，距大陆最近点 2.07 千米。因岛上有一山坳在大潮时四面环水，故名。《中国海域地名志》（1989）、《广西海域地名志》（1992）、《广西海岛志》（1996）均记为环水坳岛。基岩岛。岸线长 546 米，面积 0.015 6 平方千米，最高点海拔 22.1 米。长有灌木、乔木。岛上建有虾塘，虾塘附近有简易住房。有一个简易码头。

虎墩 (Hǔ Dūn)

北纬 21°44.6′，东经 108°34.7′。位于钦州市钦南区海域，距大陆最近点 1.54 千米。因岛形似虎头而得名。《中国海域地名志》（1989）、《广西海域地名志》（1992）、《广西海岛志》（1996）均记为虎墩。基岩岛。岸线长 365 米，面积 8 163 平方米，最高点海拔 6.3 米。岛上长有草丛、灌木。建有一处渔业用房。

仙岛 (Xiān Dǎo)

北纬 21°44.6′，东经 108°35.5′。位于钦州市钦南区海域，距大陆最近点 110 米。因岛上建有以孙中山（字逸仙）雕塑为中心的逸仙公园而得名。因海岛较大，长满茅草，曾名大茅墩。《中国海域地名志》（1989）、《广西海岛志》（1996）均记为仙岛。基岩岛。岸线长 1.46 千米，面积 0.091 3 平方千米，最高点海拔 35 米。该岛与背风墩一起被开发为旅游岛，建有逸仙公园，立有孙中山先生铜像，与钦州港中心广场遥相呼应，配套建成环岛路、游乐码头、风轮台、金鼎坛、聚英台、烧烤场，栽种多种观赏性植物 2 公顷，铺设草地面积约 8 000 平方米。

龙门岛 (Lóngmén Dǎo)

北纬 21°44.6′，东经 108°32.4′。位于钦州市钦南区龙门港镇海域，距大陆最近点 50 米。据明嘉靖《钦州志》载："龙门"之名，因山脉而成。岛上山脉自西向东蜿蜒如龙状，前屏两旁山头东西对峙如门，扼茅尾海、钦州湾之出口，故名。《中国海域地名志》（1989）、《广西海域地名志》（1992）、《广西海岛志》（1996）均记为龙门岛（含西村岛）。2008 年有居民海岛海岸线修测时，龙门岛与西村岛被界定为两个独立海岛。基岩岛。岸线长 9.21 千米，面积 1.031 4 平方千米，最高点海拔 21 米。

有居民海岛。岛上有东村、南村、北村 3 个行政村。2011 年户籍人口 6 025 人，常住人口 6 008 人。位于茅尾海出口，是进出钦州的水上门户。是广西沿海最大的渔业生产基地之一，亦为历代兵家必争之地。民国时期广东江防司令申葆藩曾驻扎于此。岛上至今保存有清代修筑的炮台遗址和民国时期修建的"将军楼"及钦州古八景之一"玉井流香"。岛上水电等基础设施较为完备。建有港口码头，有一座桥与西村岛相连。种有人工林。岛周围建有多处虾塘。

西村岛 (Xīcūn Dǎo)

北纬 21°44.6′，东经 108°31.4′。位于钦州市钦南区龙门港镇海域，距大陆最近点 50 米。因岛上龙门港镇西村而得名。《中国海域地名志》（1989）、《广西海域地名志》（1992）、《广西海岛志》（1996）均记为龙门岛（含西村岛）。

2008 年有居民海岛海岸线修测时，西村岛与龙门岛被界定为两个独立海岛。基岩岛。岸线长 28.15 千米，面积 10.696 3 平方千米，最高点海拔 30.1 米。

有居民海岛。岛上有一个名为"西村"的行政村，2011 年户籍人口 305 7 人，常住人口 302 6 人。岛上水电等基础设施较为完备。建有港口码头，有一座桥与龙门岛相连。种有人工林。岛周围建有多处虾塘。

狗双岭 (Gǒushuāng Lǐng)

北纬 21°44.6′，东经 108°33.2′。位于钦州市钦南区龙门港镇海域，距大陆最近点 2.86 千米。因岛形似两只狗连在一起而得名。《中国海域地名志》（1989）、《广西海域地名志》（1992）、《广西海岛志》（1996）均记为狗双岭。基岩岛。岸线长 1.56 千米，面积 0.040 1 平方千米，最高点海拔 24.8 米。岛上长有灌木、乔木。建有虾塘，虾塘附近有简易住房。有电线杆拉电设备，架空电缆大陆引电。

大山角岛 (DàShānjiǎo Dǎo)

北纬 21°44.6′，东经 108°34.3′。位于钦州市钦南区海域，距大陆最近点 2.32 千米。因岛上有一高大山角而得名。《中国海域地名志》（1989）、《广西海域地名志》（1992）、《广西海岛志》（1996）均记为大山角岛。基岩岛。岸线长 727 米，面积 0.026 4 平方千米，最高点海拔 5 米。长有灌木、乔木。岛上建有虾塘，虾塘附近有简易住房。有自主发电设备。

揽盆墩 (Lǎnpén Dūn)

北纬 21°44.5′，东经 108°32.7′。位于钦州市钦南区龙门港镇海域，距大陆最近点 2.49 千米。因该岛形似一个小揽盆而得名。沙泥岛。岸线长 146 米，面积 412 平方米，最高点海拔 17.9 米。岛上长有灌木。

观音塘岛 (Guānyīntáng Dǎo)

北纬 21°44.5′，东经 108°33.0′。位于钦州市钦南区龙门港镇海域，距大陆最近点 2.69 千米。因岛西南凹入处像水塘，与龙门主岛上观音岭（岭上有一座观音庙）隔水相望，故名。《中国海域地名志》（1989）、《广西海域地名志》（1992）、《广西海岛志》（1996）均记为观音塘岛。沙泥岛。岸线长 2.18 千米，面积 0.100 1 平方千米，最高点海拔 30.3 米。岛上长有灌木。建有虾塘，虾塘附近有简易住房。有电线杆拉电设备，架空电缆大陆引电。

大红沙岛 (Dàhóngshā Dǎo)

北纬21°44.5′，东经108°34.4′。位于钦州市钦南区海域，距大陆最近点1.83千米。因岛南面有大片红沙而得名。《中国海域地名志》（1989）、《广西海域地名志》（1992）、《广西海岛志》（1996）均记为大红沙岛。基岩岛。岸线长1.11千米，面积0.047 9平方千米，最高点海拔5.5米。岛上长有灌木、乔木。建有航标信号灯1座。岛周围建有虾塘。

白泥岭 (Báiní Lǐng)

北纬21°44.5′，东经108°32.9′。位于钦州市钦南区龙门港镇海域，距大陆最近点2.44千米。因岛上泥土呈白色而得名。《中国海域地名志》（1989）、《广西海域地名志》（1992）、《广西海岛志》（1996）均记为白泥岭。基岩岛。岸线长1.76千米，面积0.073 2平方千米，最高点海拔27.5米。长有灌木、乔木。岛上建有虾塘，虾塘附近有简易住房。有电线杆拉电设备，架空电缆大陆引电。

小龟墩 (Xiǎoguī Dūn)

北纬21°44.5′，东经108°32.6′。位于钦州市钦南区龙门港镇海域，距大陆最近点2.29千米。沙泥岛。岸线长66米，面积264平方米，最高点海拔3.7米。岛上长有灌木。岛周围建有虾塘。

福建山 (Fújiàn Shān)

北纬21°44.4′，东经108°32.6′。位于钦州市钦南区龙门港镇海域，距大陆最近点1.96千米。当地传说曾有一艘福建船装满一船沙倒在该岛，故名。《中国海域地名志》（1989）、《广西海域地名志》（1992）、《广西海岛志》（1996）均记为福建山。基岩岛。岸线长814米，面积0.033 4平方千米，最高点海拔15.3米。岛上长有灌木。建有虾塘，虾塘附近有简易住房。

大蚺蛇岛 (Dàránshé Dǎo)

北纬21°44.4′，东经108°32.8′。位于钦州市钦南区龙门港镇海域，距大陆最近点2.32千米。因岛形似大蚺蛇（蟒蛇）而得名。又因临近山刀山，曾名山刀块。《中国海域地名志》（1989）、《广西海域地名志》（1992）、《广西海岛志》

（1996）均记为大蚺蛇岛。基岩岛。岸线长 1.02 千米，面积 0.044 6 平方千米，最高点海拔 29.4 米。岛上建有虾塘，虾塘附近有简易住房。有电线杆拉电设备，架空电缆大陆引电。海岛侧有一个小码头。

长其岭 (Chángqí Lǐng)

北纬 21°44.4′，东经 108°32.7′。位于钦州市钦南区龙门港镇海域，距大陆最近点 1.97 千米。因岛形似一面旗子，后谐音演化为长其岭。《中国海域地名志》（1989）、《广西海域地名志》（1992）、《广西海岛志》（1996）均记为长其岭。基岩岛。岸线长 1.51 千米，面积 0.077 9 平方千米，最高点海拔 15.9 米。长有灌木。岛上建有虾塘，虾塘附近有简易住房。有电线杆拉电设备，架空电缆大陆引电。

曲岭岛 (Qǔlǐng Dǎo)

北纬 21°44.4′，东经 108°35.4′。位于钦州市钦南区海域，距大陆最近点 220 米。因岛形比较弯曲，第二次全国海域地名普查时命名为曲岭岛。基岩岛。岸线长 1.56 千米，面积 0.062 1 平方千米，最高点海拔 16 米。岛上建有虾塘，虾塘附近有简易住房。

钦州独山 (Qīnzhōu Dúshān)

北纬 21°44.4′，东经 108°33.0′。位于钦州市钦南区龙门港镇海域，距大陆最近点 2.44 千米。因该岛周围海域的海岛分布较集中，唯独此岛孤立水中央，得名独山。《中国海域地名志》（1989）、《广西海域地名志》（1992）、《广西海岛志》（1996）均记为独山。因省内重名，且位于钦州市，第二次全国海域地名普查时更为今名。基岩岛。岸线长 533 米，面积 9 617 平方米，最高点海拔 20.9 米。岛上长有灌木。建有虾塘，虾塘附近有简易住房。有电线杆拉电设备，架空电缆大陆引电。

面前山 (Miànqián Shān)

北纬 21°44.2′，东经 108°32.4′。位于钦州市钦南区龙门港镇海域，距大陆最近点 1.75 千米。因该岛面向附近村庄，故名。《中国海域地名志》（1989）、《广西海岛志》（1996）均记为面前山。基岩岛。岸线长 278 米，面积 5 411 平方米，最高点海拔 11.4 米。岛上长有灌木、乔木。建有虾塘，虾塘附近有简易住房。有电线杆拉电设备，架空电缆大陆引电。

横头山 (Héngtóu Shān)

北纬 21°44.2′，东经 108°33.0′。位于钦州市钦南区龙门港镇海域，距大陆最近点 2.11 千米。因岛体东西横向较长，故名。《中国海域地名志》（1989）、《广西海域地名志》（1992）、《广西海岛志》（1996）均记为横头山。基岩岛。岸线长 1.36 千米，面积 0.039 5 平方千米，最高点海拔 15.9 米。岛上长有灌木。建有虾塘，虾塘附近有简易住房。附近海域有牡蛎筏式养殖。

狗地嘴岛 (Gǒudìzuǐ Dǎo)

北纬 21°44.2′，东经 108°32.5′。位于钦州市钦南区龙门港镇海域，距大陆最近点 1.57 千米。因岛形似狗嘴而得名。《中国海域地名志》（1989）、《广西海域地名志》（1992）、《广西海岛志》（1996）均记为狗地嘴岛。基岩岛。岸线长 456 米，面积 0.012 5 平方千米，最高点海拔 12.7 米。岛上长有灌木、乔木。岛周围建有虾塘。有电线杆拉电设备，架空电缆大陆引电。

长石 (Cháng Shí)

北纬 21°44.2′，东经 108°33.4′。位于钦州市钦南区龙门港镇海域，距大陆最近点 2.73 千米。因岛呈长条状且石块较多，故名。基岩岛。岸线长 108 米，面积 444 平方米，最高点海拔 2.8 米。岛上无植被。

鱼寮山 (Yúliáo Shān)

北纬 21°44.1′，东经 108°33.3′。位于钦州市钦南区龙门港镇海域，距大陆最近点 2.57 千米。因曾有捕鱼人在此岛建茅寮暂住而得名。《中国海域地名志》（1989）、《广西海域地名志》（1992）、《广西海岛志》（1996）均记为鱼寮山。基岩岛。岸线长 225 米，面积 3 056 平方米，最高点海拔 12.3 米。岛上长有灌木。

小门墩 (Xiǎomén Dūn)

北纬 21°44.1′，东经 108°32.4′。位于钦州市钦南区龙门港镇海域，距大陆最近点 1.44 千米。因该岛临近小门山而得名。《广西海岛志》（1996）记为小门墩。基岩岛。岸线长 109 米，面积 692 平方米，最高点海拔 5.3 米。长有灌木。岛上建有一座庙，建筑保存较为完好。岛西南面立有一座绿色航标。

西茅丝墩 (Xīmáosī Dūn)

北纬 21°44.0′，东经 108°32.5′。位于钦州市钦南区龙门港镇海域，距大陆最近点 1.46 千米。因该岛位于海域主航道西面，岛上曾盛长茅丝草，故名。《中国海域地名志》（1989）、《广西海域地名志》（1992）、《广西海岛志》（1996）均记为西茅丝墩。基岩岛。岸线长 162 米，面积 1 538 平方米，最高点海拔 7.7 米。岛上长有灌木、乔木。建有虾塘，虾塘附近有简易住房。

大门墩 (Dàmén Dūn)

北纬 21°44.0′，东经 108°32.3′。位于钦州市钦南区龙门港镇海域，距大陆最近点 1.28 千米。因该岛背面有几块大石堆积，类似一扇门，故名。《中国海域地名志》（1989）、《广西海域地名志》（1992）、《广西海岛志》（1996）均记为大门墩。基岩岛。岸线长 230 米，面积 3 784 平方米，最高点海拔 7.7 米。岛上长有灌木、乔木。岛上建有虾塘，虾塘附近有简易住房。岛东南面立有一座红色航标。

深径蛇山 (Shēnjìng Shéshān)

北纬 21°43.9′，东经 108°32.9′。位于钦州市钦南区龙门港镇海域，距大陆最近点 1.82 千米。曾名蛇山。因靠近深径（水道），形似长蛇，故名。《中国海域地名志》（1989）、《广西海域地名志》（1992）、《广西海岛志》（1996）均记为深径蛇山。基岩岛。岸线长 723 米，面积 0.023 9 平方千米，最高点海拔 30.8 米。岛上长有草丛。岛上建有虾塘，虾塘附近有简易住房。有电线杆拉电设备，架空电缆大陆引电。

高山 (Gāo Shān)

北纬 21°43.9′，东经 108°32.6′。位于钦州市钦南区龙门港镇海域，距大陆最近点 1.48 千米。因岛高而得名。《中国海域地名志》（1989）、《广西海域地名志》（1992）、《广西海岛志》（1996）均记为高山。基岩岛。岸线长 2.62 千米，面积 0.114 6 平方千米，最高点海拔 20.1 米。岛上长有灌木、乔木。建有虾塘，虾塘附近有简易住房。

长墩 (Cháng Dūn)

北纬 21°43.9′，东经 108°32.3′。位于钦州市钦南区龙门港镇海域，距大陆最近点 990 米。因岛形狭长而得名。《中国海域地名志》（1989）、《广西海域地名志》（1992）、《广西海岛志》（1996）均记为长墩。基岩岛。岸线长 291 米，面积 3 544 平方米，最高点海拔 13.5 米。岛上长有灌木、乔木。建有虾塘，虾塘附近有简易住房。有电线杆拉电设备，架空电缆大陆引电。

钦州黄竹岭 (Qīnzhōu Huángzhú Lǐng)

北纬 21°43.8′，东经 108°32.1′。位于钦州市钦南区龙门港镇海域，距大陆最近点 810 米。因岛上长满黄竹而得名。《中国海域地名志》（1989）、《广西海岛志》（1996）记为黄竹岭。因省内重名，且位于钦州市，第二次全国海域地名普查时更为今名。基岩岛。岸线长 164 米，面积 1 919 平方米，最高点海拔 12.5 米。岛上长有灌木、乔木。

阿拉讲岛 (Ālājiǎng Dǎo)

北纬 21°43.8′，东经 108°32.2′。位于钦州市钦南区龙门港镇海域，距大陆最近点 850 米。曾名大扁墩。从前此岛曾住过一个叫阿拉（阿晚）的人，喜欢唱黄色山歌，讲下流话，人称他为阿拉讲，岛因人得名。《中国海域地名志》（1989）、《广西海域地名志》（1992）、《广西海岛志》（1996）均记为阿拉讲岛。沙泥岛。岸线长 172 米，面积 2 142 平方米，最高点海拔 3.7 米。岛上长有草丛、灌木。

线鸡尾岛 (Xiànjīwěi Dǎo)

北纬 21°43.8′，东经 108°33.4′。位于钦州市钦南区龙门港镇海域，距大陆最近点 2.15 千米。因岛形似线鸡（当地对骟鸡的叫法）尾巴，故名。《中国海域地名志》（1989）、《广西海域地名志》（1992）、《广西海岛志》（1996）均记为线鸡尾岛。基岩岛。岸线长 286 米，面积 4 015 平方米，最高点海拔 9.4 米。岛上长有灌木。建有虾塘，虾塘附近有简易住房。有电线杆拉电设备，架空电缆大陆引电。

螃蟹石 (Pángxiè Shí)

北纬 21°43.8′，东经 108°32.9′。位于钦州市钦南区龙门港镇海域，距大陆最近点 1.61 千米。因常有小螃蟹爬上岛边石块，故名。《中国海域地名志》（1989）、《广西海岛志》（1996）记为螃蟹石。基岩岛。岸线长 93 米，面积 348 平方米，最高点海拔 7.9 米。岛上长有灌木。

炮仗墩 (Pàozhang Dūn)

北纬 21°43.7′，东经 108°30.8′。位于钦州市钦南区龙门港镇海域，距大陆最近点 1.04 千米。因岛上常有人扫墓烧炮仗，故名。《中国海域地名志》（1989）、《广西海域地名志》（1992）、《广西海岛志》（1996）均记为炮仗墩。基岩岛。岸线长 923 米，面积 0.024 8 平方千米，最高点海拔 11 米。岛上植被茂盛，种有人工林。渔民在岛周围建有虾塘。有电线杆拉电设备，架空电缆大陆引电。

小坪岭岛 (Xiǎopínglǐng Dǎo)

北纬 21°43.6′，东经 108°50.7′。位于钦州市钦南区东场镇海域，距大陆最近点 70 米。因该岛位于大坪岭附近且面积较小，第二次全国海域地名普查时命今名。沙泥岛。岸线长 394 米，面积 0.011 6 平方千米，最高点海拔 13 米。岛上长有草丛、灌木。岛周围建有虾塘。有电线杆拉电设备，架空电缆大陆引电。

黄鱼港红墩 (Huángyúgǎng Hóngdūn)

北纬 21°43.6′，东经 108°31.3′。位于钦州市钦南区龙门港镇海域，距大陆最近点 1.11 千米。因岛上沙土呈红色，周围水域曾多黄鱼，故名。《中国海域地名志》（1989）、《广西海域地名志》（1992）、《广西海岛志》（1996）均记为黄鱼港红墩。基岩岛。岸线长 308 米，面积 7 054 平方米，最高点海拔 14.3 米。岛上建有虾塘，虾塘附近有简易住房。有电线杆拉电设备，架空电缆大陆引电。

南炮仗墩岛 (NánPàozhangdūn Dǎo)

北纬 21°43.6′，东经 108°30.8′。位于钦州市钦南区龙门港镇海域，距大陆最近点 1.04 千米。因该岛位于炮仗墩南面，第二次全国海域地名普查时命今名。基岩岛。岸线长 924 米，面积 0.017 2 平方千米，最高点海拔 4.5 米。岛上长有草丛、灌木，种有人工林。建有虾塘，虾塘附近有简易住房。有电线杆拉电设备，架空电缆大陆引电。

大乌龟墩 (Dàwūguī Dūn)

北纬21°43.5′，东经108°30.6′。位于钦州市钦南区龙门港镇海域，距大陆最近点790米。因岛形似乌龟，面积较大，故名。《中国海域地名志》（1989）、《广西海域地名志》（1992）、《广西海岛志》（1996）均记为大乌龟墩。基岩岛。岸线长432米，面积0.013 2平方千米，最高点海拔9.1米。岛上长有灌木、乔木。

烧灰墩 (Shāohuī Dūn)

北纬21°43.5′，东经108°31.4′。位于钦州市钦南区龙门港镇海域，距大陆最近点930米。因曾有人在岛上烧蚝壳灰，故名。《中国海域地名志》（1989）、《广西海域地名志》（1992）、《广西海岛志》（1996）均记为烧灰墩。基岩岛。岸线长100米，面积759平方米，最高点海拔6.5米。岛上长有草丛。建有虾塘，虾塘附近有简易住房。有电线杆拉电设备，架空电缆大陆引电。

大坪岭岛 (Dàpínglǐng Dǎo)

北纬21°43.5′，东经108°50.6′。位于钦州市钦南区东场镇海域，距大陆最近点60米。因该岛顶部较平且比附近的岛体大，第二次全国海域地名普查时命今名。基岩岛。岸线长388米，面积6 338平方米，最高点海拔12.1米。岛上长有草丛、灌木。建有虾塘，虾塘附近有简易住房。有电线杆拉电设备，架空电缆大陆引电。

石滩红墩 (Shítān Hóngdūn)

北纬21°43.5′，东经108°30.9′。位于钦州市钦南区龙门港镇海域，距大陆最近点1.06千米。因该岛靠近石滩墩，且泥土呈红色，故名。《中国海域地名志》（1989）、《广西海域地名志》（1992）、《广西海岛志》（1996）均记为石滩红墩。基岩岛。岸线长485米，面积0.010 4平方千米，最高点海拔7.2米。岛上植被茂盛，种有人工林。建有虾塘，虾塘附近有简易住房。有电线杆拉电设备，架空电缆大陆引电。

西黄竹墩 (Xīhuángzhú Dūn)

北纬 21°43.5′，东经 108°31.3′。位于钦州市钦南区龙门港镇海域，距大陆最近点 1.07 千米。因该岛位于黄竹墩西部，当地村民惯称西黄竹墩。《中国海域地名志》（1989）、《广西海域地名志》（1992）、《广西海岛志》（1996）均记为西黄竹墩。基岩岛。岸线长 214 米，面积 3 109 平方米，最高点海拔 10 米。岛上建有虾塘，虾塘附近有简易住房。有电线杆拉电设备，架空电缆大陆引电。

小竹墩 (Xiǎozhú Dūn)

北纬 21°43.5′，东经 108°31.3′。位于钦州市钦南区龙门港镇海域，距大陆最近点 1.01 千米。因岛西边靠近西黄竹墩，干出面积比西黄竹墩小，故名。基岩岛。岸线长 121 米，面积 843 平方米，最高点海拔 9.1 米。岛周围建有虾塘。岛上有电线杆拉电设备，架空电缆大陆引电。岛西边有海堤与西黄竹墩相连。

沙煲墩 (Shābāo Dūn)

北纬 21°43.4′，东经 108°30.7′。位于钦州市钦南区龙门港镇海域，距大陆最近点 700 米。因岛形似沙煲（当地人对砂锅的一种俗称）而得名。《中国海域地名志》（1989）、《广西海域地名志》（1992）、《广西海岛志》（1996）均记为沙煲墩。基岩岛。岸线长 135 米，面积 1 321.3 平方米，最高点海拔 12 米。岛上长有草丛、灌木。建有虾塘，虾塘附近有简易住房。有电线杆拉电设备，架空电缆大陆引电。

企壁墩 (Qǐbì Dūn)

北纬 21°43.4′，东经 108°50.2′。位于钦州市钦南区东场镇海域，距大陆最近点 80 米。因该岛东北部山坡陡峭（俗称"企"），故名。《中国海域地名志》（1989）、《广西海域地名志》（1992）、《广西海岛志》（1996）均记为企壁墩。基岩岛。岸线长 688 米，面积 0.030 8 平方千米，最高点海拔 7.6 米。岛上长有草丛、灌木。建有虾塘，虾塘附近有简易住房。附近海域有牡蛎筏式养殖。

榕树墩 (Róngshù Dūn)

北纬 21°43.3′，东经 108°30.9′。位于钦州市钦南区龙门港镇海域，距大陆最近点 970 米。因岛上曾有棵大榕树，故名。《中国海域地名志》（1989）、《广西海域地名志》（1992）、《广西海岛志》（1996）均记为榕树墩。沙泥岛。岸线长 96 米，面积 671 平方米，最高点海拔 8.1 米。种有人工林。岛上建有虾塘，虾塘附近有简易住房。有电线杆拉电设备，架空电缆大陆引电。

对叉墩 (Duìchā Dūn)

北纬 21°43.3′，东经 108°50.5′。位于钦州市钦南区东场镇海域，距大陆最近点 180 米。因该岛在水道交叉处，与学叉堤相对，故名。《中国海域地名志》（1989）、《广西海域地名志》（1992）、《广西海岛志》（1996）均记为对叉墩。基岩岛。岸线长 1.11 千米，面积 0.042 2 平方千米，最高点海拔 7.9 米。岛上植被茂盛，种有人工林。岛周围建有虾塘。

下敖墩 (Xià'áo Dūn)

北纬 21°43.3′，东经 108°30.8′。位于钦州市钦南区龙门港镇海域，距大陆最近点 810 米。当地人常在此处围网捕鱼，俗称下网的地方为"敖头"，故名。《中国海域地名志》（1989）、《广西海域地名志》（1992）、《广西海岛志》（1996）均记为下敖墩。沙泥岛。岸线长 242 米，面积 4 171 平方米，最高点海拔 1 米。岛上长有草丛、灌木。建有虾塘，虾塘附近有简易住房。有电线杆拉电设备，架空电缆大陆引电。

割茅墩 (Gēmáo Dūn)

北纬 21°43.3′，东经 108°50.7′。位于钦州市钦南区东场镇海域，距大陆最近点 300 米。昔日岛上盛长茅草，常有人到此割茅草盖房，故名。《中国海域地名志》（1989）、《广西海域地名志》（1992）、《广西海岛志》（1996）均记为割茅墩。基岩岛。岸线长 1.37 千米，面积 0.043 7 平方千米，最高点海拔 8.7 米。植被茂盛，种有人工林。

海漆小墩岛 (Hǎiqī Xiǎodūn Dǎo)

北纬 21°43.2′，东经 108°31.2′。位于钦州市钦南区龙门港镇海域，距大陆最近点 790 米。该岛位于海漆墩旁边，且面积较小，第二次全国海域地名普查时命今名。基岩岛。岸线长 68 米，面积 534 平方米，最高点海拔 3.1 米。岛上长有灌木。

小果子岛 (Xiǎoguǒzi Dǎo)

北纬 21°43.1′，东经 108°35.5′。位于钦州市钦南区海域，距大陆最近点 130 米。该岛与对面的果子山对岸相望，且面积较小，故名。基岩岛。岸线长 112 米，面积 405 平方米，最高点海拔 4.2 米。长有草丛。岛上有一个黑白相间的航标。

海漆墩 (Hǎiqī Dūn)

北纬 21°43.1′，东经 108°31.2′。位于钦州市钦南区龙门港镇海域，距大陆最近点 700 米。因岛上长满海漆树，故名。《中国海域地名志》（1989）、《广西海岛志》（1996）记为海漆墩。基岩岛。岸线长 199 米，面积 2 501 平方米，最高点海拔 13.3 米。岛上长有灌木。建有渔业用房。有电线杆拉电设备，架空电缆大陆引电。

掰叶墩 (Bāiyè Dūn)

北纬 21°43.0′，东经 108°50.6′。位于钦州市钦南区东场镇海域，距大陆最近点 60 米。因该岛靠近掰叶坪而得名。《中国海域地名志》（1989）、《广西海域地名志》（1992）、《广西海岛志》（1996）均记为掰叶墩。基岩岛。岸线长 514 米，面积 0.013 平方千米，最高点海拔 11.7 米。岛上建有虾塘，虾塘附近有简易住房。有电线杆拉电设备，架空电缆大陆引电。

太公墩 (Tàigōng Dūn)

北纬 21°42.7′，东经 108°36.4′。位于钦州市钦南区海域，距大陆最近点 160 米。相传曾有叫太公者在此居住，故名。《中国海域地名志》（1989）、《广西海域地名志》（1992）、《广西海岛志》（1996）均记为太公墩。基岩岛。岸线长 277 米，面积 4 323 平方米，最高点海拔 8 米。岛上长有草丛、灌木。建有虾塘，虾塘附近有简易住房。有电线杆拉电设备，架空电缆大陆引电。

小鹿耳环岛 (Xiǎolù'ěrhuán Dǎo)

北纬 21°42.6′，东经 108°43.1′。位于钦州市钦南区东场镇海域，距大陆最近点 60 米。因海岛位于鹿耳环岛附近，面积较小，第二次全国海域地名普查时命今名。基岩岛。岸线长 198 米，面积 2 743 平方米，最高点海拔 4.6 米。岛上建有虾塘，虾塘附近有简易住房。有电线杆拉电设备，架空电缆大陆引电。

螃蟹墩 (Pángxiè Dūn)

北纬 21°42.6′，东经 108°50.6′。位于钦州市钦南区东场镇海域，距大陆最近点 120 米。因岛形似螃蟹而得名。《中国海域地名志》（1989）、《广西海域地名志》（1992）、《广西海岛志》（1996）均记为螃蟹墩。基岩岛。岸线长 1.15 米，面积 0.051 8 平方千米，最高点海拔 6.1 米。岛上建有虾塘，虾塘附近有简易住房。有电线杆拉电设备，架空电缆大陆引电。

鹿耳环岛 (Lù'ěrhuán Dǎo)

北纬 21°42.5′，东经 108°42.9′。位于钦州市钦南区犀牛脚镇海域，距大陆最近点 50 米。因该岛位于鹿耳环江，第二次全国海域地名普查时命名为鹿耳环岛。基岩岛。岸线长 213 米，面积 3 121 平方米。渔民在岛附近开发虾塘。岛上有电线杆拉电设备，架空电缆大陆引电。

外水墩 (Wàishuǐ Dūn)

北纬 21°42.4′，东经 108°50.4′。位于钦州市钦南区东场镇海域，距大陆最近点 80 米。因该岛在一条水道之外而得名外水墩。因岛形弯似牛角，又名牛角岭。《中国海域地名志》（1989）、《广西海域地名志》（1992）、《广西海岛志》（1996）均记为外水墩。基岩岛。岸线长 890 米，面积 0.023 5 平方千米。岛上植被茂盛，种有人工林。

尹东湾 (Yǐndōngwān)

北纬 21°42.3′，东经 108°49.9′。位于钦州市钦南区东场镇海域，距大陆最近点 10 米。因该岛位于尹东湾口而得名。基岩岛。岸线长 337 米，面积 6 092 平方米，最高点海拔 10 米。岛上建有虾塘，虾塘附近有简易住房。有电线杆拉电设备，架空电缆大陆引电。

担丢潭墩 (Dàndiūtán Dūn)

北纬 21°42.2′，东经 108°50.1′。位于钦州市钦南区东场镇海域，距大陆最近点 90 米。因该岛位于担丢潭的小港湾中，故名。《中国海域地名志》（1989）、《广西海域地名志》（1992）、《广西海岛志》（1996）均记为担丢潭墩。基岩岛。

岸线长 150 米,面积 1 608 平方米,最高点海拔 4.8 米。岛上植被茂盛,种有人工林。

穿牛鼻墩 (Chuānniúbí Dūn)

北纬 21°42.2′,东经 108°50.2′。位于钦州市钦南区东场镇海域,距大陆最近点 130 米。因岛西南部有一大石,石上有两孔,形似牛鼻,故名。《中国海域地名志》(1989)、《广西海域地名志》(1992)、《广西海岛志》(1996)均记为穿牛鼻墩。基岩岛。岸线长 581 米,面积 0.017 3 平方千米,高约 14 米。岛上长有灌木、乔木,种有人工林。

千年墩 (Qiānnián Dūn)

北纬 21°42.0′,东经 108°49.9′。位于钦州市钦南区东场镇海域,距大陆最近点 380 米。因该岛位于千年村附近,故名。《中国海域地名志》(1989)、《广西海域地名志》(1992)、《广西海岛志》(1996)均记为千年墩。基岩岛。岸线长 416 米,面积 9 491 平方米,最高点海拔 14.1 米。岛上植被茂盛,种有人工林。建有虾塘,虾塘附近有简易住房。有电线杆拉电设备,架空电缆大陆引电。

鸡笼山 (Jīlóng Shān)

北纬 21°41.9′,东经 108°49.9′。位于钦州市钦南区东场镇海域,距大陆最近点 40 米。因岛形似鸡笼而得名。《中国海域地名志》(1989)、《广西海域地名志》(1992)、《广西海岛志》(1996)均记为鸡笼山。基岩岛。岸线长 2.35 千米,面积 0.163 1 平方千米,最高点海拔 37.2 米。岛上植被茂盛,种有人工林。

青菜头岛 (Qīngcàitóu Dǎo)

北纬 21°41.8′,东经 108°36.0′。位于钦州市钦南区海域,距大陆最近点 770 米。因远望该岛形似一棵横摆的青菜,故名。《中国海域地名志》(1989)、《广西海域地名志》(1992)、《广西海岛志》(1996)均记为青菜头岛。基岩岛。岸线长 513 米,面积 6 732 平方米,最高点海拔 4.3 米。长有灌木和乔木。岛上建有一个气象观测场和一个水泥码头,有水泥路向岛内延伸。岛东峰顶建有一灯柱,灯光射程 8 海里。

抄墩 (Chāo Dūn)

北纬21°41.8′，东经108°50.4′。位于钦州市钦南区东场镇海域，距大陆最近点750米。传说此岛为人工堆积而成，当地方言称为"抄墩"。《中国海域地名志》（1989）、《广西海域地名志》（1992）、《广西海岛志》（1996）均记为抄墩。基岩岛。岸线长1.13千米，面积0.071 3平方千米，最高点海拔22.7米。岛上长有草丛和灌木。岛东面有一简易码头。

麻蓝头岛 (Málántóu Dǎo)

北纬21°41.0′，东经108°41.8′。位于钦州市钦南区犀牛脚镇海域，距大陆最近点750米。相传古代此地原是一片海滩，不知什么朝代从钦州湾西南游来一条大南蛇，南蛇到了此地，看到北岸硫磺山，不敢再前进而盘曲于此。后形成岛屿，状似麻蓝，故名。《中国海域地名志》（1989）、《广西海域地名志》（1992）、《广西海岛志》（1996）均记为麻蓝头岛。基岩岛。岸线长2.77千米，面积0.253 9平方千米，最高点海拔21.5米。2011年岛上户籍人口300人，大部分人口已迁出。该岛已开发为旅游景点，建有小度假村、房屋若干。岛周围建有水泥海堤，有一个码头。

急水山 (Jíshuǐ Shān)

北纬21°38.6′，东经108°42.4′。位于钦州市钦南区犀牛脚镇海域，距大陆最近点630米。因此地水流很急，和急水门隔海相望，故名。《中国海域地名志》（1989）、《广西海岛志》（1996）均记为急水山。基岩岛。岸线长759米，面积0.026 5平方千米，最高点海拔18.2米。

细三墩 (Xìsān Dūn)

北纬21°36.9′，东经108°41.6′。位于钦州市钦南区犀牛脚镇海域，距大陆最近点3.81千米。因该岛在附近三个石墩中面积最小，故名。《中国海域地名志》（1989）、《广西海域地名志》（1992）、《广西海岛志》（1996）均记为细三墩。基岩岛。岸线长412米，面积0.010 1平方千米，最高点海拔20.1米。

大三墩 (Dàsān Dūn)

北纬21°36.7′，东经108°41.3′。位于钦州市钦南区犀牛脚镇海域，距大陆最近点 4.18 千米。因该岛在附近三个石墩中面积最大，故名。《中国海域地名志》（1989）、《广西海域地名志》（1992）、《广西海岛志》（1996）均记为大三墩。基岩岛。岸线长 1.01 千米，面积 0.037 1 平方千米，最高点海拔 29.2 米。岛上植被茂盛，种有人工林。建有一条公路贯穿该岛。岛顶有一座废旧灯塔。

乌雷炮台 (Wūléipàotái)

北纬 21°36.0′，东经 108°44.4′。位于钦州市钦南区犀牛脚镇海域，距大陆最近点 370 米。1831 年清朝官员康许在岛上建有炮台一座，又因北近乌雷岭，故名。《中国海域地名志》（1989）、《广西海域地名志》（1992）、《广西海岛志》（1996）均记为乌雷炮台。基岩岛。岸线长 507 米，面积 6 248 平方米，最高点海拔 4.7 米。岛上长有灌木和乔木。建有国防测量标志和一个公共码头。

大庙墩 (Dàmiào Dūn)

北纬 21°35.5′，东经 108°44.4′。位于钦州市钦南区犀牛脚镇海域，距大陆最近点 990 米。因岛对岸有座大王庙而得名。《中国海域地名志》（1989）、《广西海域地名志》（1992）、《广西海岛志》（1996）均记为大庙墩。基岩岛。岸线长 638 米，面积 0.017 2 平方千米，最高点海拔 25.1 米。岛上长有草丛和灌木。建有 1 个气象观测场。南部有 1 个白色灯塔，灯塔主灯射程 18 海里，配置雷达应答器。有简易码头 1 处，码头有水泥路向岛内延伸。

附录一

《中国海域海岛地名志·广西卷》未入志海域名录 [①]

一、海湾

标准名称	汉语拼音	行政区	地理位置	
			北纬	东经
高德港	Gāodé Gǎng	广西壮族自治区北海市海城区	21°30.5′	109°09.2′
外沙内港	Wàishā Nèigǎng	广西壮族自治区北海市海城区	21°29.0′	109°05.7′
松木头沙湾	Sōngmùtoushā Wān	广西壮族自治区北海市海城区	21°03.3′	109°05.3′
哨牙大湾	Shàoyá Dàwān	广西壮族自治区北海市海城区	21°01.2′	109°07.0′
阴山塘湾	Yīnshāntáng Wān	广西壮族自治区北海市海城区	21°00.9′	109°05.9′
担水湾	Dānshuǐ Wān	广西壮族自治区北海市海城区	20°55.1′	109°12.5′
灶门湾	Zàomén Wān	广西壮族自治区北海市海城区	20°55.0′	109°12.3′
婆湾	Pó Wān	广西壮族自治区北海市海城区	20°54.3′	109°12.9′
深水湾	Shēnshuǐ Wān	广西壮族自治区北海市海城区	20°54.2′	109°12.6′
白龙港	Báilóng Gǎng	广西壮族自治区北海市银海区	21°28.5′	109°19.8′
南沥港	Nánwàn Gǎng	广西壮族自治区北海市银海区	21°26.5′	109°03.6′
沙虫寮港	Shāchóngliáo Gǎng	广西壮族自治区北海市银海区	21°25.5′	109°09.7′
电白寮港	Diànbáiliáo Gǎng	广西壮族自治区北海市银海区	21°25.2′	109°07.4′
营盘港	Yíngpán Gǎng	广西壮族自治区北海市铁山港区	21°28.1′	109°27.6′
生鸡啼湾	Shēngjītí Wān	广西壮族自治区防城港市港口区	21°39.7′	108°33.1′
榄埠江湾	Lǎnbùjiāng Wān	广西壮族自治区防城港市港口区	21°38.1′	108°31.7′
苏木沥	Sūmù Wàn	广西壮族自治区防城港市港口区	21°37.4′	108°31.9′
大船潭港	Dàchuántán Gǎng	广西壮族自治区防城港市港口区	21°36.8′	108°31.2′
企沙港	Qǐshā Gǎng	广西壮族自治区防城港市港口区	21°34.2′	108°27.7′
龙狗窿湾	Lónggǒulóng Wān	广西壮族自治区防城港市港口区	21°33.4′	108°23.6′
港仔尾	Gǎngzǎiwěi	广西壮族自治区防城港市港口区	21°33.2′	108°26.1′

[①] 根据 2018 年 6 月 8 日民政部、国家海洋局发布的《中国部分海域海岛标准名称》整理。

标准名称	汉语拼音	行政区	地理位置	
			北纬	东经
疏鲁沥	Shūlǔ Wàn	广西壮族自治区防城港市港口区	21°33.2′	108°25.9′
蝴蝶岭东沥	Húdiélǐng Dōngwàn	广西壮族自治区防城港市港口区	21°33.2′	108°27.2′
蝴蝶岭西沥	Húdiélǐng Xīwàn	广西壮族自治区防城港市港口区	21°33.0′	108°26.6′
白沙江湾	Báishājiāng Wān	广西壮族自治区防城港市防城区	21°44.2′	108°29.0′
深沟港湾	Shēngōu Gǎngwān	广西壮族自治区防城港市防城区	21°32.5′	108°14.6′
沥欧港	Wàn'ōu Gǎng	广西壮族自治区防城港市防城区	21°31.8′	108°15.7′
鲁古沥	Lǔgǔ Wàn	广西壮族自治区防城港市防城区	21°30.7′	108°12.9′
东兴港	Dōngxīng Gǎng	广西壮族自治区防城港市东兴市	21°32.0′	108°05.6′

二、滩

标准名称	汉语拼音	行政区	地理位置	
			北纬	东经
矮沙垱	Ǎi Shādàng	广西壮族自治区北海市	21°33.3′	109°04.6′
鹰尾沙	Yīngwěi Shā	广西壮族自治区北海市	21°32.5′	109°02.0′
涩草沙	Bàncǎo Shā	广西壮族自治区北海市	21°32.3′	109°03.5′
东角垱沙	Dōngjiǎodàng Shā	广西壮族自治区北海市海城区	21°31.9′	109°06.6′
鸡嘴沙	Jīzuǐ Shā	广西壮族自治区北海市海城区	21°31.1′	109°04.6′
牛角坑石滩	Niújiǎokēngshí Tān	广西壮族自治区北海市海城区	21°04.2′	109°08.1′
后背塘面	Hòubèitáng Miàn	广西壮族自治区北海市海城区	21°04.1′	109°06.3′
西角石滩	Xījiǎoshí Tān	广西壮族自治区北海市海城区	21°03.7′	109°05.6′
横岭石滩	Hénglǐngshí Tān	广西壮族自治区北海市海城区	21°02.6′	109°08.5′
大岭脚滩	Dàlǐngjiǎo Tān	广西壮族自治区北海市海城区	21°02.6′	109°05.0′
石螺口滩	Shíluókǒu Tān	广西壮族自治区北海市海城区	21°01.8′	109°05.2′
茅寮沙	Máoliáo Shā	广西壮族自治区北海市海城区	21°01.7′	109°05.0′
石盘河滩	Shípánhé Tān	广西壮族自治区北海市海城区	21°01.5′	109°07.9′
蕉坑口滩	Jiāokēngkǒu Tān	广西壮族自治区北海市海城区	21°00.8′	109°05.3′
珠沙	Zhū Shā	广西壮族自治区北海市银海区	21°24.8′	109°14.7′
涠洲沙	Wéizhōu Shā	广西壮族自治区北海市银海区	21°24.0′	109°12.3′

标准名称	汉语拼音	行政区	地理位置	
			北纬	东经
散沙	Sǎn Shā	广西壮族自治区北海市合浦县	21°42.6′	109°31.8′
滘头面	Jiàotóu Miàn	广西壮族自治区北海市合浦县	21°34.9′	108°53.9′
马头墩	Mǎtóu Dūn	广西壮族自治区北海市合浦县	21°34.5′	109°39.2′
大沙角	Dà Shājiǎo	广西壮族自治区北海市合浦县	21°33.7′	109°07.1′
雷公沙	Léigōng Shā	广西壮族自治区北海市合浦县	21°33.5′	108°52.4′
三口沙	Sānkǒu Shā	广西壮族自治区防城港市港口区	21°50.2′	108°31.5′
扛网路沙	Kángwǎnglù Shā	广西壮族自治区防城港市港口区	21°39.0′	108°23.8′
细港沙	Xìgǎng Shā	广西壮族自治区防城港市港口区	21°38.6′	108°23.6′
大港沙	Dàgǎng Shā	广西壮族自治区防城港市港口区	21°38.2′	108°23.3′
高沙头	Gāo Shātóu	广西壮族自治区防城港市港口区	21°37.8′	108°23.0′
低沙	Dī Shā	广西壮族自治区防城港市港口区	21°37.4′	108°22.9′
干箔面	Gānbó Miàn	广西壮族自治区防城港市港口区	21°36.4′	108°22.4′
中箔沙	Zhōngbó Shā	广西壮族自治区防城港市港口区	21°36.0′	108°22.2′
二坳沙	Èr'ào Shā	广西壮族自治区防城港市港口区	21°35.0′	108°20.8′
六墩沙尾	Liùdūn Shāwěi	广西壮族自治区防城港市港口区	21°34.6′	108°31.7′
牛角沙	Niújiǎo Shā	广西壮族自治区防城港市港口区	21°34.3′	108°20.8′
北风脑沙	Běifēngnǎo Shā	广西壮族自治区防城港市防城区	21°38.0′	108°20.1′
龙孔墩沙	Lóngkǒngdūn Shā	广西壮族自治区防城港市防城区	21°37.5′	108°19.7′
螺壳沟沙	Luókégōu Shā	广西壮族自治区防城港市防城区	21°34.3′	108°12.5′
黄鱼沥沙	Huángyúwàn Shā	广西壮族自治区防城港市东兴市	21°35.2′	108°11.1′
箔鳌沙	Bó'áo Shā	广西壮族自治区防城港市东兴市	21°33.9′	108°11.5′
中间路沙	Zhōngjiānlù Shā	广西壮族自治区防城港市东兴市	21°33.9′	108°12.2′
沥尾沙	Wànwěi Shā	广西壮族自治区防城港市东兴市	21°31.3′	108°12.4′
企鸦坪	Qǐyā Píng	广西壮族自治区钦州市钦南区	21°52.6′	108°34.2′
牛栏仔滩	Niúlánzǎi Tān	广西壮族自治区钦州市钦南区	21°52.4′	108°33.3′
大圻墩	Dàlì Dūn	广西壮族自治区钦州市钦南区	21°52.2′	108°32.0′
乌鱼洼滩	Wūyúwā Tān	广西壮族自治区钦州市钦南区	21°52.0′	108°30.9′
晒网坡滩	Shàiwǎngpō Tān	广西壮族自治区钦州市钦南区	21°51.9′	108°32.5′

标准名称	汉语拼音	行政区	地理位置	
			北纬	东经
大环钳滩	Dàhuánqián Tān	广西壮族自治区钦州市钦南区	21°51.9′	108°34.4′
大牛栏滩	Dàniúlán Tān	广西壮族自治区钦州市钦南区	21°51.9′	108°33.4′
南定尾滩	Nándìngwěi Tān	广西壮族自治区钦州市钦南区	21°51.2′	108°34.6′
沙围角滩	Shāwéijiǎo Tān	广西壮族自治区钦州市钦南区	21°51.2′	108°30.1′
南定坪	Nándìng Píng	广西壮族自治区钦州市钦南区	21°50.6′	108°34.0′
大沟坪	Dàgōu Píng	广西壮族自治区钦州市钦南区	21°50.6′	108°31.0′
螃蟹塘滩	Pángxiètáng Tān	广西壮族自治区钦州市钦南区	21°50.1′	108°33.8′
大墩坪	Dàdūn Píng	广西壮族自治区钦州市钦南区	21°50.0′	108°30.5′
圆泥滩	Yuánní Tān	广西壮族自治区钦州市钦南区	21°49.9′	108°34.5′
石西沙	Shíxī Shā	广西壮族自治区钦州市钦南区	21°49.6′	108°32.1′
麻蓝头沙	Málántóu Shā	广西壮族自治区钦州市钦南区	21°40.2′	108°41.7′

三、岬角

标准名称	汉语拼音	行政区	地理位置	
			北纬	东经
湾仔角	Wānzǎi Jiǎo	广西壮族自治区北海市海城区	21°01.1′	109°07.4′
地角	Dì Jiǎo	广西壮族自治区北海市银海区	21°29.1′	109°04.5′
对达头	Duìdá Tóu	广西壮族自治区北海市合浦县	21°31.1′	109°39.1′
马鞍岭角	Mǎ'ānlǐng Jiǎo	广西壮族自治区北海市合浦县	21°29.1′	109°46.3′
凤凰头	Fènghuáng Tóu	广西壮族自治区防城港市防城区	21°37.0′	108°13.5′
东沙头	Dōngshā Tóu	广西壮族自治区防城港市东兴市	21°31.9′	108°11.2′
东石角	Dōngshí Jiǎo	广西壮族自治区钦州市钦南区	21°37.2′	108°46.4′

四、河口

标准名称	汉语拼音	行政区	地理位置	
			北纬	东经
吥燕子江口	Néyànzijiāng Kǒu	广西壮族自治区北海市合浦县	21°36.2′	109°02.5′
木案江口	Mù'ànjiāng Kǒu	广西壮族自治区北海市合浦县	21°36.0′	109°04.4′
叉陇江口	Chālǒngjiāng Kǒu	广西壮族自治区北海市合浦县	21°35.1′	109°08.6′

标准名称	汉语拼音	行政区	地理位置	
			北纬	东经
针鱼墩江口	Zhēnyúdūnjiāng Kǒu	广西壮族自治区北海市合浦县	21°35.0′	109°06.0′
防城江口	Fángchéngjiāng Kǒu	广西壮族自治区防城港市	21°41.5′	108°20.1′
石角渡口	Shíjiǎodù Kǒu	广西壮族自治区防城港市	21°37.1′	108°13.2′
黄竹江口	Huángzhújiāng Kǒu	广西壮族自治区防城港市防城区	21°37.3′	108°13.1′
江平江口	Jiāngpíngjiāng Kǒu	广西壮族自治区防城港市东兴市	21°36.2′	108°10.5′

附录二

《中国海域海岛地名志·广西卷》索引